師徒關係與社會創新的在地實踐

賴青松和黃聲遠

朱思年 陳蕙芬 游銘仁 吳靜吉——著

國立政治大學 創新與創造力研究中心
Center for Creativity and Innovation Studies
遠流出版公司

實踐大夢的青年

——他們的社會創業與師徒關係

吳靜吉

最近十年，從事創意、創新研究和教育的一些師生好友，興起赴好山好水的宜蘭搏感情飆創意，我居然變成了宜蘭小型會議和景點的導遊，安排行程的資訊收集過程中，我發現滿多不是宜蘭出生長大的創意人早已情定宜蘭，其中「穀東俱樂部」的創辦人賴青松和「田中央建築師事務所」的起始人黃聲遠，不僅在宜蘭成就了他們各自的社會創業，也開拓了台灣和世界看見宜蘭的視野。

齊柏林《看見台灣》的紀錄片尾聲中這樣描寫賴青松：「曾經留學日本，看到日本對待環境的態度，回國後放棄都市的便利生活和高薪的工作，回到宜蘭農村從頭學習用有機無毒的農法種植稻米，那就是賴青松。」

黃聲遠和他的田中央建築師事務所應邀在東京六本木的TOTO「間美術館」舉辦「Living in Place 活出場所」展覽，這是間美術館開辦三十年來首次邀展的台灣建築師，從今年開始也陸續受邀至芬蘭、愛沙尼亞、立陶宛、捷克、法國、西班牙和義大利展出。

社會創新和創業可能沒有為他們帶來很高的收入，但他們的社會創新和影響力非常值得跟大家分享。

什麼是社會創業？為什麼要社會創新？

孟加拉的尤努斯（Muhammad Yunus）因創辦小額貸款的鄉村銀行，而獲得二〇〇六年諾貝爾和平獎，使得社會創新和社會企業成為顯學，也就是從「企業的社會責任」提升到社會創新和社會企業。

根據社會企業的先鋒迪斯（J. Gregory Dees, 1950-2013）的定義（1998），社會創業的重點是創新和社會影響力而不是收入本身，尤努斯小額貸款的鄉村銀行是解決老問題的社會創新方案。影響所及到現在為止至少超過了一億以上的人，讓窮人能夠有尊嚴的去小額貸款，脫離困境、改善生活。

雖然貧富差距有越來越大的趨勢，但年輕的一代也比以前更在乎公平正義，二〇〇八年《經濟學人》雜誌，以一一二二個企業主管為對象所做的研究，發現這些CEO認為企業社會責任對企業經營有所幫助，因為公司負起社會企業責任可以增加吸引潛在和現有員工的機率，美國非營利團體"Net Impact"在二〇一二年的研究報告以一七二六位在職的工作人員和即將進入職場的大學生為研究對象，發現百分之五十三的工作人員認為工作能夠產生「社會影響」是他們最重要的快樂來源，而百分之七十二即將進入職場的大學生也同意這樣的看法。

如同尤努斯等等的社會創業家一樣，賴青松和黃聲遠在追尋青年的大夢時，選擇了社會創業為終身志業，在發想創意、化創意為行動以及實踐夢想的過程中都需要「貴人相助」，他們兩位的確擁有貴人相助，這些貴人就是他們的良師益友，他們或主動追尋，或把握機會實踐青年的另一個大夢，夢想逐漸落實之後，他們也都需要傳承經驗和知識的教學相長，除了向學有專精的師父學習，他們也會從「拜他們為師的徒弟中學習成長」，不管向上或向下的師徒關係都是從啟動關係開始，再進入大約二年到五年培養「你儂我儂」的過程，之後有些因結構或其他因素而分手，最後大部分都能重新界定師徒關係，或成為朋友，或同儕合作，或夥伴相助等等。

什麼是師徒關係？什麼又是師徒關係的發展階段？師徒關係中個人的認同重不重要？

師徒關係在個人事業發展中扮演非常重要的角色，而個人認同是形塑師徒關係的關鍵因素。

徒弟透過觀察學習的耳濡目染，以及兩人之間的分享互動和回饋反思，逐漸強化期許自己未來角色之經師人師的認同，在這個過程中，雙方在認知上逐步實踐自己和對方以及雙方共同的想像和願望。

麻州大學的漢博（Beth K. Humberd）和波士頓大學的羅斯（Elizabeth D. Rouse, 2016）根據克拉姆（Kathy E. Kram, 1983; 1985）提出的師徒關係建立與發展的四個階段，論述個人在不同的發展階段中如何形塑師徒關係，這四個階段是啓動關係（Initiation）、培養關係（Cultivation）、改變或脫離原來的師徒關係（Separation）以及重新界定兩人的關係（Re-definition）。

所謂的師徒關係，通常包含正式和非正式的，正式的關係包括學校中的老師和學生、指導教授和指導學生、組織中的老闆和員工的關係，這種關係常因為角色、制度或第三者的安排而組成，但更多的師徒關係則發生在非正式的領域。

非正式發展通常是自然形成的，或者兩人因緣際會拉動而成師徒關係，也可能是某一方主動邀請另一方而形成師徒關係，這樣的非正式關係都反應出雙方的「情投意合」，至少「相看兩不厭」，如此才能催化互相認同的感受，這樣的認同或源於師父喜歡助人的社會動機，或因徒弟欲向師父學習知識技能等等的大夢追逐。

在知識多元、科技發達、世界變化無窮的今天，角色互調的反向師徒關係（Reverse mentoring）也已經成為常見的事實，奇異公司的CEO傑克．威爾許（Jack Welch）六十出頭時，知道如果不能掌握科技的方便和語言行為，必然走向自我淘汰的道路，他於是主動邀請公司裡的一位年輕女性員工擔任他的電腦師父，不僅從這位良師中學會科技原民的文化、語言、技巧，更進一步的在非正式的互動中了解年輕和女性員工的認知、情感、工作、夢想。後來演變成公司的制度，讓主管們各自尋找年輕的員工當自己的科技良師益友（吳靜吉，2013）。

希望這本書能夠豐富台灣這些年來的社會創業故事，讓大家能夠分享，也讓青年實踐四個大夢時，能夠尋找、發現和確認自己的人生價值，反映這些價值在他的事業和學業上，但是在發展事業、尋求人生意義的過程中，如何尋找良師益友，也重新擔任別人的良師益友，能夠因為重新界定人與人之間的關係，而讓生命更有意義。

參考資料：

1. 吳靜吉。〈角色對換的師徒關係〉，《今周刊》，863。
2. Economist (2008), Just good business, *Special report on CSR*, January, 19th.
3. Humberd, B. K. & Rouse, E. D. (2016). Seeing you in me and me in you: Personal identification in the phases of mentoring relationships. *Academy of Management Review, 41* (3), 435-455.
4. Kram, K. E. (1983). Phases of the mentor relationship. *Academy of Management Journal, 26*, 608-625.
5. Kram, K. E. (1985). *Mentoring at Work: Developental Relationships in Organizations.* Glenview, IL, Soctt Foresman.
6. Zukin, C. & Szeltner, M. (2012). Talent Report: What Workers Want in 2012. Retrieved December 8 2016, from the World Wide Web: https://www.netimpact.org/sites/default/files/documents/what-workers-want-2012.pdf

目錄

第一篇

理論說明

第一章　施魚與授漁：社會創新

施人以魚，不如授之以漁，施魚救一時之急，授漁可解一生之困。

——中國古諺

一雙鞋改變窮人的明日

買一雙鞋也能做慈善？三國劉備臨終的遺訓「勿因善小而不為」，似乎在美國TOMS公司的經營方式得到印證。TOMS的創始人布雷克・麥考斯基（Blake Mycoskie），二〇〇六年正處在創立第四家公司的關鍵時刻，但為了實踐對自己的承諾，他仍然休假去阿根廷旅行放空。在這段旅程中，他試圖充分融入當地的生活與文化，學當地舞蹈、玩當地運動，以及穿當地人人都穿的鞋子（阿根廷傳統布鞋"alpargata"），他體驗到這種帆布鞋的通用性，不論在城市、鄉村甚至夜店都可見到，在休假遊玩、但深富商業警覺力的他，馬上聯想到此鞋或許在美國會有市場。

這趟旅程的尾聲，布雷克在咖啡館遇到一位美國女性在當地從事志工活動，該志工組織接受愛心捐贈鞋子、再提供給沒有鞋子穿的兒童。這些兒童並非如愛美的女性，永遠缺少一雙鞋，而是極需要鞋子最基本的用途：他們通常必須步行數英里尋找乾淨水源或是上學，長途步行卻沒有鞋子保護雙腳，很多兒童因此患上疾病。布雷克觀察到這個志工組織面臨一些困境，由於鞋子來自捐贈，所以供應量並不穩定；即使數量足夠，尺寸也不齊全，仍有許多缺鞋兒童需要幫助。布雷克後來延長這趟旅程，他跟著這名女性志工與其同伴，在當地不同鄉村之間遊歷觀察，親眼目睹缺鞋的嚴重性以及對兒童造成的傷害，深受震撼的布雷克，回國後在加州創立了 TOMS 公司（Mycoskie, 2011）。

"TOM"這三個字母取自單詞"Tomorrow"，TOMS Shoes 意思是明日之鞋（Tomorrow's Shoes），布雷克承諾在「今天」售出一雙鞋子，公司「明天」就會捐贈一雙給全球需要鞋穿的孩子！這項被稱為「買一捐一」（One for One）計畫從二〇〇六年進行至二〇一六年，已經捐給超過七十個國家、捐出超過六千萬雙鞋子（TOMS official website）。「買一捐一」的概念在得到肯定之後，更被延伸到其他有需要的領域，開始捐眼鏡、買咖啡豆捐水等，形成一種社會運動，創造更大的效益。

TOMS 雖僅是一家公司，卻試圖連結全世界的資源，以解決現代社會普遍存在的貧窮問題，成功地創造「買鞋子＋做慈善」的影響力，正是「社會創新」的絕佳案例。所謂社會創新，就是幫助一個社會，把過去累積的智慧（每人都要購買鞋子）和新的創意點子

（買鞋也可做善事）兩相結合，進而提高整體社會解決問題的能力。社會解決問題的能力提高之後，能夠發展出更多的捐贈標的，以及後進的衍生、轉化與創新者。由這個案例可以知道，社會創新扮演著推動社會進步的重要角色，一方面解決社會上實際的問題，另一方面產出無形的社會影響力。

社會創新是什麼？掌握五關鍵

TOMS的故事，展現出社會創新的重點在於解決現有的問題。社會創新是「幫助一個社會自行結合既有的智慧跟新的智慧，提高社會創造解決社會問題的新想法的能力，大家所熟悉的救助式健康照護社群、電話救助專線和維基百科等等，都是社會創新的例子。」（Mulgan, Tucker, Ali & Sanders, 2007）。社會創新不但解決現行的社會需求，而且在解決的過程中，還為社會累積、發展出新能力和新關係；以成果而論，社會創新是一個比現行方案更加「有效」的解決方法（Caulier-Grice, Davies, Patrick & Norman, 2012）。

為了區辨社會創新，我們以歐盟第七期科研架構計畫，由楊格基金會（Young Foundation）社會創新之研究人員所整理出五個關鍵元素（Caulier-Grice, Davies, Patrick & Norman, 2012）來說明社會創新的特性：

- 新穎性（novelty）：社會創新未必是完全原創的（original）或獨特的（unique），但是它必須在某些方面是新的。譬如說，對市場或使用者而言是新的，或者，提供新方式，以新的方式應用過去的方法或科技。

- 執行與應用性：社會創新必須是能夠執行或應用的新點子，社會創新不能停留在一個新的想法，而是這個新想法必須能夠被落實與實踐。
- 產生價值：它應該要比現有的解決方案更「有效」地解決某些問題，並且產生影響力（impact）。
- 目標性：社會創新是很明確地設計出來「滿足某一個社會需求」。
- 增進社會能力：透過社會創新的過程，可以增進社會整體的執行能力。因為它創造新的角色和其間的關係，使社會發展更佳的能耐或更佳的資源使用方式。

社會創新的核心可歸納為此五個關鍵元素，包括：新穎性、執行與應用性、有效、滿足社會需求、以及帶來社會更佳的執行能力等。這五個關鍵元素所展現出的外在樣貌，非常豐富而多元，可能透過新產品、新服務、新流程、新市場、新平台、新的組織形式和新的商業模式等多元的樣貌（Caulier-Grice, Davies, Patrick & Norman, 2012）。到底有多麼多元，以下舉例說明。

社會創新可能是以科技為主，解決社會上常見的問題。香港的長者安居協會「一線通，平安鐘」的整合資訊系統，提供獨居長者緊急救援服務。當獨居長者有緊急狀況時，只要按下家裡安裝的免持聽筒式主機，或遙控器的按鍵，就可以與二十四小時營運的客服中心進行通話。如果獨居長者按下按鍵後超過兩分鐘沒有回應，客服人員就會立即呼叫救護車到長者家中訪視或進行急救。使用該系統也不限於緊急狀況，當獨居長者寂寞需要找他人聊天分享心情，也可以和客服人員談心。甚至當獨居長者住家附近發生緊急事故時，也能以平安鐘來與協會聯繫通報發生的事件情況（張偉德，2014；長者安居協會官網）。

除了提供上述之緊急救援服務外，在服務使用者的授權下，該整合資訊系統儲存長者的病歷資料和親友聯絡資料。一旦有緊急事故發生，服務中心在呼叫救護車時，亦會將長者過去的病歷紀錄傳送至急救的醫院，同步告知長者的緊急親友連絡人。急救的醫院不但能提高急救的品質與效率，家屬也能透過醫院和客服中心的同步資訊處理，了解長者的身體狀況和治療進度（張偉德，2014；長者安居協會官網）。

社會創新也可能以最平凡的形式，出現在你我身邊。像是二〇一四年諾貝爾和平獎最年輕得主，是當時才十七歲的巴基斯坦少女——馬拉拉（Malala Yousafzai），她曾經說：「一個孩子，一個老師，一本書，一支筆就可以改變世界。」看似平凡卻有其不平凡處，重點在於持續力，也就是在強權暴力下，是否仍能堅持其理念與行動。馬拉拉十一歲時開始用筆名在英國廣播公司以「巴基斯坦女學生的日記」（Diary of a Pakistani Schoolgirl）專欄，記錄親身經驗塔利班統治下的生活，包括禁止女孩上學的政策以及恐怖活動，也記錄了二〇〇九年一月十四日，塔利班組織正式禁止當地五萬名女孩繼續上學的實況（Abby,

2014；陳雅慧，2014）。

馬拉拉的文章受到國際社會的高度注目，她到處奔走與激勵女孩們重返校園，但這些舉動也刺激塔利班組織，二〇一二年十月，馬拉拉放學途中受到槍擊，導致她顱底骨折、左側下顎骨關節受損、腦部受損，生命一度垂危，醫治後奇蹟似的生還。馬拉拉雖然失去了一部分的頭骨、聽力、語言能力，但她沒有失去爭取教育的堅定。之後，她仍不畏強權，繼續投入爭取女孩受教權的運動。她應邀在聯合國發表談話時，希望講給每一個可以改變現況的人聽，也希望可以激起世界上每一個孩子的勇氣，起身捍衛自己的權利（Abby, 2014；陳雅慧，2014）。

或有人好奇，社會創新與「商業創新」有何不同？外在形式不是區別的關鍵，社會創新展現出來的類型，和商業創新所展現的類型相仿，但是社會創新更重視的是它的「社會性目的」（Caulier-Grice et al., 2012; Schumpeter, 1934）。社會創新也包含教育創新，像是英國楊格基金會推動的「工作室學校」（Studio School），是一種新形態教育概念的實踐，力倡教育應該結合實務，以縮短一般教育體系跟真實世界的落差，這也是社會創新的一種。

發展社會創新，非一蹴可幾

創新來自於邊陲，過去兩世紀，就有許多社會創新從邊陲移到主流，這讓人好奇它移動的過程。德國哲學家叔本華（Arthur Schopenhauer）觀察，這是一段不算短的歷程：起初這些新想法會受到嘲笑，接著會遭到劇烈的反抗，被認為是激進式的改革，直到最後被接受而且被視為自然而然存在的一部分（Mulgan et al., 2007）。像是在十九世紀時，公民社會開始發展，產業化（industrialization）與城市化（urbanization），使社會企業與社會創新蓬勃發展，那個時候出現了許多工會、讀書會、新式學校等等的社會創新型態（Mulgan, 2006; Mulgan et al., 2007；黃惠勤，2009），其後在六〇～七〇年代，透過社會運動的影響力，使創新擴散到政府部門、商業市場與非營利組織。到了近代，則是透過網際網路以及全球性媒體的力量，揭露世界性的貧窮問題與環境問題，擴散全球性的影響力（Mulgan et al., 2007）。

社會創新通常由特定的個人或社區的問題開始，經由贊助者或慈善家的支持而獲取解決問題的資源，在擴散時經常透過模仿的行為重複這些新點子，發揮改變社會的影響力（Mulgan et al., 2007；黃惠勤，2009）。因此，推動社會創新，重點在於發展出「運作模式」，它是擴散到不同地區的關鍵。例如，常在捷運站出口附近販售的《大誌雜誌》（*The Big Issue*），該雜誌內容含括社會議題、藝文資訊和時事等，表面上並無出眾之處；但重點是這本雜誌交由無家可歸的遊民進行販售，以此模式協助遊民工作謀生，自食其力（The Big Issue Taiwan 官網）。根據其官網資料，這個很棒的構想，開始於一九九一年英國倫敦，創辦以來已幫助超過二千五百位遊民，在英國每週有六十七萬讀者，其運作模式被授權到許多國家，台灣由大智文創（The Big Issue Taiwan）於二〇〇九年取得授權，成為社會創新擴散全球的佳例（黃惠勤，2009；The Big Issue Taiwan 官網）。

「大誌模式」展現了如何將關注遊民的善意、轉為幫助遊民的巧思，「另眼看倫敦」（Unseen Tours），進一步運用遊民的「特性」，轉化為服務上的「優勢」。二〇一〇年，英國倫敦一群關心街友的年輕人，常分送食物與襪子給街友，並且每週在網路上以“Sock Mob”之名召集散步者（walker）和街友一起漫步倫敦。持續五年後，他們想到何不把這些對倫敦大街小巷瞭若指掌的街友，轉變成這個城市的另類導遊，因此“Sock Mob”正式轉型為社會企業「另眼看倫敦」。一開始推出兩條路線，吸引四十位報名的遊客，以及數家報紙與電視媒體參加，在接下來的三週，人數爆增為上百人，來自四面八方的遊客和海外媒體慕名而來。「另眼看倫敦」受到英國《衛報》、《時代雜誌》、BBC電台、以及美國《哈芬登郵報》（*The Huffington Post*）等國際媒體爭相報導（金靖恩，2013；Unseen Tours 官網）。

「另眼看倫敦」在二〇一六年已發展出六條旅遊路線可供遊客選擇，每條路線的門票僅收費七到十二英鎊不等，甚至提供某些免費的名額，讓付不出門票錢的遊客也可以共襄盛舉。它把大部分的收入保留給參與導覽的街友。六〇%的營收直接支付給導遊，二〇%用於導遊的交通費與電話費補貼，因此導遊可獲得八〇%的營收。而剩下的二〇%則用於保險、行銷等必要開支，以及日後的訓練經費，讓更多的街友得以勝任導覽工作。另外，它也提供零利率貸款給街友導遊應急，導遊每月固定償還自己導覽一〇%的收入，直到貸款還清為止（社企流；Unseen Tours 官網）。

「另眼看倫敦」模式後來擴散到世界各地，在台灣就有「芒草心慈善協會」起而效尤，一樣運用街友熟悉大街小巷的優勢，擔任在地導遊工作，「街友」轉化為「街遊」。此社會企業計畫的發起人原任職科技產業，在英國倫敦參加「另眼看倫敦」受到啟發，他發現街友導覽的觀光方式非常獨特，不是去熱門景點而是深入倫敦巷弄；不是單純介紹景點而有流浪經歷、弱勢族群境遇等更深入的議題。因此他將這個概念帶回台灣與芒草心慈善協會合作，創辦「街遊台北徒步導覽」（Hidden Taipei）活動（劉子寧，2015；芒草心慈善協會官網；街遊 Hidden Taipei 官網）。一般而言，從街友變街遊必須經過三個訓練階段。首先是儲備階段：由老師上課，街友自行練習，再邀請老師當觀眾，老師認可後即可晉升到實習階段。儲備變實習的時間因人而異，大約一年左右。其次是實習階段：實習階段會邀請兩位觀眾分兩場擔任考官，通過後成為正式導覽員。第三階段就是正式導覽員，目前已有一位取得資格（廖育君、呂紹齊，2014；街遊 Hidden Taipei 官網）。

社會創新雖然有草根性的特質，但是未必都發自於民間，政府也有可能主導社會創新的進行，像是社會福利政策、教育方案，或是成立成人教育的大學網絡、貸款給農民的銀行等機構都是。社會創新也發生在宗教、醫療、媒體、和平組織等領域，簡直無處不在，甚至商業領域也有像「美體小舖」（The Body Shop），以反對動物實驗、支持公平交易為理念，以商業行為支持社會性目的的商業組織（黃惠勤，2009；The Body Shop官網）。

幾乎沒有一個領域找不到社會創新的蹤跡，然而，社會創新之延續或永續，以及若要影響到整個社會，必須要整個系統配合才能成功；就像是汽車的普及並不單單是汽車相關科技的演進所致，還必須配合了許多相關的創新，例如汽車的駕訓機構、快速票證（speeding tickets）等等。醫療領域也是很好的一個例子，科學與科技是推動人類健康延長的重要角色，但是這方面的進步卻不是只單靠它們，而是整個社會、經濟、科技和政治上的創新相互加強才能帶來進步（Mulgan et al., 2007）。

社會創新的終點，促成系統性變革

社會創新由有熱情的人，從發掘「社會的需要」開始，然後是發展具體可執行、也可成功解決問題的新點子，透過實行新點子而達到改變，隨著新點子被社會接納、採用而達到擴散，進一步產生社會的影響力，最後社會創新概念將成為社會的主流思潮。社會創新的重點在於覺察到一個未被滿足的需求，並且知道如何滿足這個需求。有時候這些需求很明顯，像是貧窮、遊民或者獨居老人，但是有時候這些問題很不明顯，甚至難以辨識，像是家庭暴力、種族歧視，這些問題需要發起社會運動，使大家了解如何辨識出這個問題，以及如何定義這個問題。

為了滿足這些需求，需要新的點子，創新者通常知道如何找到尚未被妥善滿足的需求，他們善於傾聽與挖掘表象下的需求。有些組織則透過創造思考的方法來創造新點子，例如 IDEO 公司提出以「設計思考」（design thinking）的方式推動社會創新。四名史丹佛大學的學生（Naganand Murty, Linus Liang, Rahul Panicker, Jane Chen），為解決開發中國家早產兒因失溫而死亡的問題，組成「擁抱團隊」（Embrace），設計平價的保溫箱，降低尼泊爾早產兒死亡率（林以涵，2012）。

一開始，團隊以為這些國家嬰兒死亡率高的原因，是保溫箱等醫療設備不足，但實際到尼泊爾等地區調查之後，發現偏遠地區電力不穩定與維護資源不足才是最主要的原因，許多偏遠地區的嬰兒，是在送到醫院的途中失溫而死的，這些地區真正需要的是「攜帶方便且使用簡單的保溫設備」。於是擁抱團隊轉變開發目標，開發出只需要簡單加熱就能維持嬰兒的體溫的保溫袋，且成本不到保溫箱的一％。擁抱保溫袋（林以涵，2012），這個案例說明了社會創新必須從使用的角度考慮問題，理解使用者的心理和處境。

另外，像貧窮是全球性問題，在某些國家特別嚴重，當地政府都束手無策。社會創新家解決此問題，手法自有不同。比爾與米蘭達．蓋茲基金會（Bill & Melinda Gates Foundation）勇於接受此挑戰，比爾夫婦在二〇一五年一月二十一日發表年度公開信，賭十五年後，五歲兒童的死亡率將減半、產婦死亡率將減少三分之二、瘧疾與小兒麻痺將從世界上消失、愛滋病的防治將有重大的突破；不僅如此，非洲也能夠自給自足，數位化的生活也將引發教育革命，使學習無遠弗屆。世界各地窮人的生活將會獲得改善，偏遠地區的民眾也可以透過智慧型手機，使用行動銀行服務，不僅更方便管理財務，也能夠幫助改善生活（王煒寧，2015）。由於「服務窮人有利可圖」，一旦相關業務啟動，就會出現競爭性的創新服務，如與農業或教育相關的專項儲蓄或貸款計畫，幫助窮人脫貧。這並非空中畫大餅，該基金會早就持續推動上述項目，像是行動銀行在肯亞已經達到普及，目前也正積極在印度、菲律賓、孟加拉、烏干達等國家推廣，藉此替窮人創造翻身的機會（王煒寧，2015）。

社會創新也可以透過別人提供的想法來激發，像是從「開放市場」（open market）得到創新想法。需求必須和新的可能性（new possibilities）綁在一起，新的可能性可能是來自科技，例如網路就為社會領域創造很多新的商業模式，帶來很大的影響力，或者來自新的組織架構或新的知識理論（Mulgan et al., 2007）。「紙風車劇團」的「台灣鄉村卡車藝術工程」是集眾人之力的社會創新的最好例子。在這項工程中，新竹物流負責卡車的維護及駕駛司機的排班，紙風車則主要負責國內藝文團體的媒合，讓其他表演團體有舞台展露身手，在相輔相成攜手合作的情況下，除了將不同的藝術表演帶入偏鄉地區，讓偏鄉的孩子在資源匱乏的環境之中也能得到藝術的啟蒙，也推動了更多的文化發展。

有了新的點子之後，還要將這些有潛力的點子放在實際情境中測試，經過經驗的調整與試用，試驗和錯誤，甚至意外，要多次嘗試才能找到真正解決問題的方法。當新點子通過測試，證明這個點子可以在實務中被應用，並且是可以複製、成長之後，讓這些新點子被規模化而且擴散出去。讓一個好點子擴散出去需要有技巧的策略與一致的願景，也需要透過支持與資源達到此目標。

最後一個階段則是學習與成長，社會創新的成果會不斷的發展改變，經過學習與創新採納（adoption）的過程之後，這些點子會出現跟原本提出者的期待不同的變化，甚至可能出現出乎意料的成果或應用（Caulier-Grice et al., 2012; Mulgan et al., 2007）。社會創新組織通常希望自己的新點子能被廣泛的採納，因為可以達到越高的社會影響力，但這個原則通常和維持組織的商業利益有所衝突，因此社會創新組織的一項主要挑戰就是，如何在維持開放且合作的原則下，具備能夠持續運作的財務能力（Caulier-Grice et al., 2012）。

社會創新是一個社會需求被概念化的過程，為了能夠改變現行的作法，系統性的變革是社會創新的終極目標，儘管很少社會創新可以達到這麼高層級的目標。因為系統性變革從來不是倚靠單一組織或部門能達成，它要靠整體社會文化、消費者行為、商業實務、立法和政策之間的複雜互動所達成的。系統性變革會帶來人們態度與行為的改變，也讓人們以新的方式去思考。因為具備這樣的特質，系統性變革常在劇變或危機之後發生，往往不是在社會安定承平的時候發生（Caulier-Grice et al., 2012）。

創辦鄉村銀行微型貸款的穆罕默德．尤努斯（Muhammad Yunus），原本是在美國大學任教的社會菁英份子，有一次返回故鄉孟加拉，他遇到一名編竹凳子出售以賺取微薄利潤的婦女，為買一根竹子向高利貸借了五塔卡（塔卡為孟加拉幣，按照現在匯率計，一塔卡相當於四角台幣，五塔卡約台幣兩元）。然而，這名婦女遭受到極度的剝削，高利貸業者不僅收取高額利息，還訂下婦人必須依高利貸業者決定的價格，讓他們收購所有產品的附帶條款——使借款者幾乎成為高利貸的奴隸。尤努斯教授調查全村像這名婦女一樣借高利貸的人，共有四十二位，他們的借款金額加起來共八百五十六塔卡，還不到現在的台幣三百五十元，尤努斯當下自掏腰包為他們償還全部的貸款，這個微小的舉動，使得這些人得以從無止盡的經濟壓迫中解脫。尤努斯了解到小額貸款可以幫助窮人脫離上述貧窮的循環，開始思考打造窮人的銀行。在此後的數十年間，尤努斯開辦的鄉村銀行，美國、歐洲、印度、哥倫比亞、中國等四十幾個國家紛紛複製這套運作模式，至今已造福了六千萬以上的窮人，改善無數個家庭的生活（曾育慧，2007）。

微型貸款的做法，顛覆了幾百年來銀行的慣例：他們從未借貸給無抵押擔保能力的窮人，因為銀行不相信窮人的償債能力和信譽，借錢給窮人被看作是慈善性工作。尤努斯與鄉村銀行的成功糾正了一個隱性的偏見，即使是沒有抵押擔保能力的窮人，他的基本信譽也是可以信任的；即使是沒有接受過充分教育的窮人，他們也有足夠的理性，他們能理解，自己或者自己所在的村莊，必須保持一個良好還貸紀錄；那些長期未能擺脫貧窮的人，創造財富的潛能也是可以期待的。

描繪社會創業家的樣貌

從大處來看，社會創新是推動社會變遷、產業化和現代化的動力；從小處著手，社會創新必須透過「個人、社會運動和組織」來創造改變（Mulgan et al., 2007）。三者中最重要的就是個人，一般稱為社會創業家（social entrepreneurs）。要推動社會創新，可以參考企業的創新管理來達成目標，但最重要的策略則是培育出具備創新精神的社會創業家（Frumkin, 2009）。社會創業家是一種態度與行為的結合，同時適用於商業與社會兩種情況。由社會創業家所創辦的社會企業，使過去涇渭分明的商業與公共部門（sector）間的界線變得模糊，社會企業不單指非營利組織，也包含了以社會目的為任務的商業組織（Dees, 1998）。

台灣經濟發展過程中，不少企業創業家扮演重要的推手，社會創業家與企業創業家有所不同，最關鍵的不同在於其心中的「任務」。社會創業家心中有社會性任務（social mission），要讓這個世界成為更美好的世界，他們以完成社會性任務為願景（vision），用願景實踐來衡量自己成功與否，也用願景去創建自己的社會企業。因此辨識社會企業的重點，並非在於判斷其是否為營利組織，而是在於該組織是否具有社會性目的；衡量社會企業成功與否的最佳指標並非他們創造多少利潤，而是他們創造多少社會價值（Dees, 1998; Dees, Emerson & Economy, 2002）。

社會創業家不只展現出創業的行動，他們在心理特質上多半與一般人有所不同，可分兩點說明：首先，社會創業家多半擁有正面的心理特質，這些特質包括有自信、希望、樂觀、恢復力及積極的人生觀（London & Morfopoulos, 2010）。其次，社會創業家具備較平常人更高的警覺力（alertness）。他們能察覺到社會上有許多遭受苦難和不幸之人，並且把解決這些社會問題視為自己的使命。一個人的警覺力跟辨識機會的能力有關，社會創業家會辨識且持續不斷地追逐能夠完成使命的機會，創業警覺力就是「不刻意尋找、卻能注意到過去被忽略或未被發現的機會之能力」（Kirzner, 1979: 48）和「具有動機激勵的傾向去構想未來的意象」（Kirzner, 1985: 56）。

培育一個人的創業警覺力並非直線進行，亦非一蹴可幾，它至少包含三個面向的發展歷程：首先是個人的「掃描與搜尋」（scanning and searching），其次是個人的「聯想與連接」（association and connection），最後則是個人的「評估與判斷」（evaluation and judgment）。創業警覺力也是循此歷程而展現，個人要能不斷地掃描環境以及搜尋新的資訊，然後匯集不同資訊，並對這些資訊產生不同聯想與連結，進而判斷出可獲利的潛在商業機會（Tang et al., 2012）。

創業警覺力發揮最大效果時，可能是在人面對「變化」時。彼得．杜拉克（Peter Drucker）曾說，創業家總是尋找變化、響應變化，並從變化當中找到新的機遇，他認為這種對變化的「警覺」，是社會創業家最重要的特質和能力（Martin & Osberg, 2007），另有學者也提到社會創業家會去發現、定義與利用機會來強化社會的福祉（Zahra, Rawhouser, Bhawe, Neubaum and Hayton 2008）。二〇〇六年諾貝爾和平獎得主穆罕默德．尤努斯，警覺到孟加拉貧窮婦女有做手工品的能力，但因無法在合法管道上借錢買材料，永遠無法擺脫貧窮，而創立了微型貸款銀行；TOM's Shoes 創辦人布雷克警覺到無鞋兒童所受到的傷害，以及如何持續提供鞋子、而非依靠斷斷續續的慈善捐贈，他們兩位展現的就是富有創業警覺力的創業家樣貌。

社會創業的警覺力和一般創業的警覺力有所不同，首先，社會創業家同時追求經濟目標與社會目標（Battilana & Lee, 2014; Miller et al., 2012），因此，相較於一般創業的警覺力，社會創業的警覺力更強調同時察覺到周遭社會問題及創業機會；其次，社會創業家會聚焦在一個特定的個人或社區問題，他們會把精力及資源長期地、有耐性地專注在一個他們特別關心的社會問題上，慢慢地去改變現狀，至於聚焦在哪一個問題通常會受到個人經歷、偶然機遇以及知識衝擊等三種因素影響。社會創業家比起一般創業家，更擅長在特定的脈絡下警覺解決特定社會問題的創業機會（Murphy & Coombes, 2008）。

社會創業家被認為是「創造改變的媒介」（change agents），也是市場機制重要的互補者。全球最大的社會創業家網絡阿育王（Ashoka）的創辦人比爾．德雷頓（Bill Drayton）認為，社會創業家的工作，就是「當社會無所適從或有機會抓住新契機時，需要一位創業家看出改變的機會，並將此願景轉變為真實可行的想法，逐步實現」（Abu-Saifan, 2012:

22），社會創業家擁有創意性、創業性、執行設定和倫理性四個特徵（Shaw, 2004）。創新時常發生在社會創業家的企業規劃中，例如募資就是靠社會創業家用創新的方式去尋找資源與維持資源的來源。創新也伴隨著風險與失敗，因此社會創業家也是能夠承擔風險的人。社會創業家是獨特而且稀少的，但是很值得被鼓勵與培育，因為在邁向未來的道路上，社會創業家將為我們發掘嶄新的道路，社會創業家是現今社會中需要的人才（Dees, 1998）。

社會創業家關懷社會問題，他們心中懷有達成某個社會性目標的使命感，透過創新行為、資源連結和網絡結盟等途徑，他們實踐新點子成功解決問題，因此他們是社會改變的媒介，是推動社會進步的動力。為了達到長期的改變，社會創業家追求長遠的社會影響力，透過影響力改善人類行為，甚至重新定義社會現象。社會創業家就彷彿是現代部落（tribes）的領導者，賽斯・高汀（Seth Godin）於其著作《部落：一呼百應的力量》一書中，說明現代社會中透過領導者而帶動的部落，聚集眾人之力的部落網絡透過其擁有的強大影響力而造成社會變遷。

「現代部落」是一個緊密連結的網絡，是指一位領導者與一個透過共同特定想法連結的一群人。部落領導者懷有堅強的信念，他們相信一個願景以及一個團體，領導者對部落成員的尊重和仰慕是形成部落的基礎，領導者的領導目標是使自己相信的改變成真。部落領導者透過「動機、凝聚與工具」三個步驟，創造改變。網際網路與社群媒體的出現，使部落的影響力擴展更為容易，超越民族國家的界線，也是現在最常被使用的有利凝聚方法。透過網路與社群媒體，部落領導者能將訊息傳遞給以往無法接觸到的人，而部落格、臉書等社群媒體，讓部落領袖可以不費吹灰之力的將訊息散布出去，並且促進追隨者討論與擴散（要組成一個達到改變目標的部落，除了領導者之外，也需要追隨者，而且不只是願意跟隨而已，還要「熱切」跟隨，因為造成改變的就是他們的力量）（Godin, 2008）。部落領導者的終極目標，就是激發出更多的成員，創造更多的部落領導者，讓社會成為充滿部落領袖的大型部落（Logan, King & Fischer-Wright, 2008）。

維基百科的創立歷程就是社會創新透過部落領導力實踐的例子，維基百科的理念是「自由的百科全書」，是人人都可以在網路上自由存取與編輯的百科全書，也是網際網路的十大網站之一，收錄了超過三千萬篇條目，但是它是一家只擁有少數工作人員的非營利組織。維基百科的共同創辦人吉米．威爾斯（Jimmy Wales）透過部落領導的方式，找到一群願意為相同願景努力的志願者，激發他們投入這個願景。目前維基百科在全球各地擁有三千五百萬登記註冊的用戶，並且有十萬長期積極投入編輯工作的志願者。吉米．威爾斯透過科技讓部落成員能夠彼此聯繫，讓成員能夠跟外界聯繫，除了維繫部落成長之外，更讓部落的影響力由部落內部擴散到部落外部（Godin, 2008）。部落是社會創業家連結資源與創造網絡以達成社會創新目的的具體展現。

社會創新結合既有智慧與新觀點，解決社會問題也提升社會解決問題之能力，是社會所高度期待的。社會創新的發展，是一段從邊陲移到核心的漫長過程，特別的是，社會創新必須倚賴整個系統的創新或配合，方能發揮成效。推動社會創新成功的重要推手就是社會創業家，跟一般企業創業家最大之不同，在於其心目中的社會性任務。社會創業家不但鞭策自己往遠景邁進，也會感染周遭的人，成為支持創新發展的力量。因此，充分理解社會創新的內涵，積極從事社會創新的實踐工作，應是刻不容緩的議題。

社會創新逐漸成為推動社會變革的重要力量，這股世界性的趨勢儼然成形且吹向台灣。近年來，許多大學已開設社會創新與創業相關課程或成立學術研究單位，例如：輔仁大學「社會企業研究中心」、中央大學「尤努斯社會企業中心」等，皆以社會企業為主要研究對象，並藉由實務教育讓學生了解社會企業的精神與運作模式，達到推展社會企業的目的。而政府機關、民間企業或大學也舉辦各類社會創新與創業競賽，鼓勵青年學子發揮創意，提出社會問題解決方案並與創業行動結合，積極投入社會創新與創業運動，例如：「尤努斯獎：社會創新與創業競賽」、「TiC100 社會創業競賽」等。另外，亦有如「社會企業共同聚落」的社會企業育成中心的成立，或是「社企流」此類社會企業平台、社群出現，致力於推廣、連結並支持社會創業；亦有許多社會企業開始萌芽，例如「多扶接送」、「九天民俗技藝團」等。

承上所述，社會創新有其獨特而多元的樣貌，它的發生非一蹴可幾，對社會所產生的影響也必須透過系統性變革達成，但是社會創新深為社會所期待，社會創業家更是社會創新的重要媒介，因此「如何培育社會創業家」成為值得關注的議題。特別是出類拔萃的社會創業家，他們是如何被孕育產生？他們身處複雜動態的脈絡中，在其人際網絡裡，被上一代傳承、也傳承給下一代，他們如何型塑對社會的爆發能量、又是如何啟發將在未來創造更多可能的潛力社會創業家，令人深感好奇。探討傑出社會創業家的師徒傳承網絡以及其傳承的內涵，讓我們更清楚培育社會創業家的師傅與其徒弟之間的互動樣貌，進而促發更多的社會創新，下一章我們將討論「師徒傳承」，探討師徒關係的類型、內涵與效果。

第二章　啓發與傳承：師徒關係

每個人都有天生的才賦，只有師父才懂得如何啟發它。

——馬克．韓森（《心靈雞湯》作者之一）

知名動畫《功夫熊貓》中的主角熊貓，與功夫大師之間的師徒情感與默契，令人印象深刻；從一個愛烹飪、動作笨拙的肥熊貓，在師父的引導激發下，成為打敗壞人（殘豹）的武林高手。師父運用熊貓的「貪吃」，轉換為其練武的動力，讓人莞爾，也令人嚮往傳統師徒關係對培育人才的效果。

人生領航員——Mentor

師徒關係中的「師」，並非正式教育體系之教師，而是指「師父」。師父的英文是“mentor”，來自於希臘神話中，曼托爾（Mentor）與朋友之子泰勒莫克斯（Telemochus）間師徒關係的小故事，後來被引伸為青年人與非父母之成年人之間建立信任關係，由成年人指導、支持與鼓勵青年人的一種關係。「師徒制」（mentoring）在文獻上雖然未能有統一的定義（Dawson, 2014），但由此名詞而延伸的「師徒關係」（mentoring relationship），一般界定為：年長且較有經驗的人與年輕且經驗較淺的人之間，密切的互動關係，前者做為後者在成人世界與工作場域中的領航員，雙方可以在這個關係中得到滿足與益處（Kram, 1988; Zey, 1984）。

上述之師徒關係，似乎隱含著「師」必然是資深者與年長者，也符合大多數人的想法，可稱為「傳統型師徒」。然而隨著現今知識來源豐富與快速，且知識獲取與新科技使用技巧有關，雖然傳統型師徒關係仍很常見，但已有不少師徒關係是反過來的，亦即師父較為年輕、也未必資深。年輕資淺師父因更精熟於新科技使用技巧，反而能指導較為年長與資深的徒弟，這稱之為「反向型師徒」。另有一種師徒關係也日益常見，發生在同儕之間，也就是在年資與年齡上無大差異的兩人或數人，互為師徒，稱之為「同儕型師徒」。這樣的發展方向，似乎在一千多年前就得到預測，韓愈在〈師說〉中就說：「吾師道也，夫庸知其年之先後生於吾乎？是故無貴、無賤、無長、無少，道之所存，師之所存也。」根據韓愈的遠見，「道」在誰身上，誰就是師父，可說是含括了上述三種師徒關係。雖然如此，傳統型師徒還是較為世人所熟悉，以下將分別說明傳統型、反向型與同儕型師徒關係的功能、類型與益處。

世上只有師父好：傳統型師徒關係

現代組織常運用「師徒制」作為人才培育的方式之一，資歷較深厚的師父透過指導、諮詢、提供心理支持等方式，協助資歷較淺的徒弟完成任務，並且運用自己在組織裡面的位置與影響力，提升徒弟的職涯發展（Kram, 1988; Zey, 1984）。導入師徒制形同在組織內創建更豐富的人際關係，師徒關係的本質不同於工作場域內其他的人際關係，而有下列四項特色（Kram, 1988）：

- 問題解決：透過師父提供知識、技能與增加徒弟能力的方式，解決個人面對的私人問題（如自我、生涯規劃與家庭），以及個人的私領域與專業領域間的兩難困境。
- 裨益雙方：師父與徒弟雙方都在此關係中得到益處，因為師徒互動關係可以直接回應雙方當下的需求與顧慮。
- 組織脈絡：師徒關係發生在組織脈絡（organizational context）中，受組織脈絡影響、但也對組織脈絡有影響力。
- 不易取得：師徒關係在大部分的組織中並不普遍，也不容易出現。

一般而言，師徒關係對師徒雙方都有益處，是個人職涯發展重要的助力，它提供的功能包括對個人的工作專業、自我認同、家庭生活與職涯發展等，有正向的影響與幫助（Goodyear, 2006; Kram, 1988; Zey, 1984）。歸納起來，師徒關係發揮職涯（Career）、心理社會（Psychosocial）與角色楷模（Role Modeling）三種功能。

更上一層樓：傳統型師徒關係的職涯功能

透過師父的支持與引導，徒弟能夠較快融入組織系統與文化當中，經由師父提供的機會與支持，順利提升在組織被關注的程度，進而獲得升遷的機會。此外，師父也提供相當程度的專業指導，促進徒弟在專業技能上的發展。分析起來，師徒關係的職涯功能包括下列五點：

- 升遷的支助：此為最常見的職涯功能。組織內的升遷有時和個人的績效表現與工作能力無關，而是來自關鍵資深者的支持與運作，個人若欲往組織內更高的階層移動，來自資深者的支持更是不可或缺。
- 展現的機會（exposure-and-visibility）：師父使用自己的資源為徒弟提供在組織內展現能力的關鍵舞台，並且協助徒弟與組織內重要人物建立關係。
- 教練（Coaching）：師父提供特定的建議，協助徒弟了解如何在組織內生存、有效能的完成工作任務、得到組織的認同並且追求更好的生涯規劃。
- 保護：師父為徒弟過濾掉與組織內關鍵人物有潛在危險性或者不合時宜的接觸機

會，必要時親自承擔該危險。

- 挑戰性任務：師父提供給徒弟具發展性的任務，協助徒弟增加其專業知識與技巧，師父的回饋讓徒弟能逐漸勝任更困難的任務。

我在你身邊：傳統型師徒關係的心理社會功能

除上述在職涯發展的協助外，師父也會提升徒弟對於其在組織中專業角色的身分認同與工作效能，幫助徒弟建立其內在自我價值，也同時提升其在組織內的名聲。此功能影響個人的工作動機與價值觀，透過師徒之間親密的關係、人際同理心幫助個人的職涯發展，並且影響個人形塑自我價值與對組織的認同。相較於職涯功能，心理社會功能涵蓋的面向超越組織的範圍，還會影響到個人生活的其他層面。師徒關係帶來的社會心理功能有下列三項：

首先是接納與認同（acceptance-and-confirmation）：透過師徒雙方對彼此的接納與認同，使徒弟得到支持與鼓勵，師父得到尊重與認同，進而提高雙方的自我認同。其次是諮詢：師父提供個人的經驗，提供徒弟更多面向的想法，並且透過意見回饋與積極傾聽，幫助徒弟想到新的解決方法，使徒弟更有效的解決個人的煩惱。最後是友誼：奠基於相同興趣、彼此了解、以及互相交換工作與生活經驗而塑造的社會互動關係，因工作關係而增強的友誼，幫助個人抵抗工作中的壓力，為師徒雙方帶來滿足。

提供越多職涯功能與心理社會功能的師徒關係越完整，對師徒兩者的職涯發展都有正向的幫助。這些功能還會交互重疊，非單獨存在，會受到個人因素與組織情境的影響。個人對師徒關係的需求程度，能提供資源的程度，以及組織文化和組織系統機制對師徒關係的態度，都會影響師徒關係的形成與樣貌。

你是我榜樣：傳統型師徒關係的角色楷模功能

此外，師徒關係還能產生角色楷模功能（Scandura, 1992），有了師父，徒弟就可以邊觀察、邊學習師父的行為，徒弟學習師父在工作環境中抱持的價值觀和解決問題的策略技巧（Goodyear, 2006）。師父做為一個徒弟模仿的對象，其自身的專業知識和技能、個人行為與處事態度等，不但成為徒弟模仿的目標，也是徒弟追求的楷模。表一總結上述所提到的師徒關係功能。

表一　傳統型師徒關係功能表

師徒關係功能	說明
職　　涯	贊助者、展現機會、教練、保護與挑戰性任務
心理社會	接納與認同、諮詢、友誼
角色楷模	價值觀、解決問題的策略技巧

資料來源：Kram（1988）傳統型師徒關係的類型

單傳與多傳：傳統型師徒關係的類型

武俠小說《神雕俠侶》中古墓派的掌門小龍女，終其一生只收了楊過一個弟子；但是丐幫幫主洪七公，在江湖中行俠仗義多年，收了三教九流許多弟子，勢力龐大。這兩種師徒關係有什麼不同呢？傳統型師徒關係的類型，可從師徒「人數」多少來區分，而分為一對一，以及多人互動的團體師徒關係，以下分述之。

◆我只在乎你：一對一師徒關係

顧名思義，一對一師徒關係就是單傳，其組成是一位師父配一位徒弟。這樣的師徒關係，通常是由企業組織指定配對，並且是為了達成某個特定的職涯發展目標而設計，這些目標像是：帶領新人、發展徒弟（或師父）特定技能、或者培訓高階主管人才等。可想而知，一對一的師徒互動關係，很有機會產生針對徒弟的需求且緊密的師徒關係（Goodyear, 2006）。

不過在組織配對、非師徒主動選擇的情況下，師徒之間有可能無法發展出緊密的關係。此外，當組織內實行此計畫時，會需要很多的資深者擔任師父來指導數目較多的資淺者，但在實務上大部分的組織都會有人力資源調度上的困難，這個困難可以由團體師徒關係解決（Goodyear, 2006）。

◆同門一家親：團體師徒關係

團體師徒關係（group mentoring）是由少數的師父指導數目較多的徒弟，通常會篩選有相似基礎或目標相同的徒弟組合而成。團體師徒關係中，徒弟可以從超過一位的師父身上學到不同觀點，並且可以從其他徒弟身上得到同儕師徒關係（peer mentoring）的幫助，因此團體師徒關係中的多元性較高，相較於一對一師徒關係的缺點，就是比較無法針對每個人特定的需求提供滿足（Goodyear, 2006）。

在團體師徒關係中，團體成員間的信任度是很重要的關鍵要素，建立信任度依賴成員間嚴格遵守保密原則，而是否能夠遵守保密原則通常又跟團隊的大小息息相關，所以團體師徒關係的組成人數最好限制在十五人以內，也有人認為團體師徒關係是由一位資深者指導多位資淺的同事（Kaye and Jacobson, 1995）。

有關係就沒關係：傳統型師徒關係發展階段

在瑞（Zey, 1984）的研究中，師徒關係就像一般的人際關係，有不同的發展階段，隱含時間軸的概念，不過師徒關係的功能，卻非按照不同階段而獨立，這些功能會連續且重疊地出現在師徒關係的發展歷程之中（周希敏，1995）。

第一個階段是教導，師父就像一位老師（the mentor as teacher），徒弟獲得工作上的專業知識與公司相關的正確訊息，包含公司內部的人際與政治關係，能幫助徒弟進入公司的情境，除了專業知識上的教導之外，更重要的是培育徒弟的管理能力，師父通常透過間接與直接的方式指導。透過師父的指導，徒弟較容易了解公司狀況，對自己的職涯有更全面的規劃，也能夠妥善的展現自己，且擁有較高的成就感與對職涯發展更大的展望（周希敏，1995）。

第二個階段是心理諮詢（personal support）。師父對徒弟的工作與私人生活提供建議與關心，這樣的心理支持會給予徒弟很大的安慰與信任感，能夠協助徒弟面對壓力事件，並且建立自信心，讓徒弟可以順利的進入更高的職位（周希敏，1995）。

第三個階段是調解（organizational intervention），師父公開的在機構內推銷徒弟，讓其得到較好的機會與更多資源，並且協助徒弟調解問題，保護其在組織內的位置（周希敏，1995）。

第四階段是提拔（promotions direct and indirect），師父透過增加徒弟的工作職責、提升徒弟的頭銜、為徒弟爭取內部培訓機會等直接與間接的方式，幫助徒弟建立在業界的聲望，讓徒弟可以往組織內更高的層級邁進（周希敏，1995）。

這四個發展階段與重點，如下頁圖一所示。

聞道有先後：反向型師徒關係

電影《高年級實習生》中，退休的職場老將以實習生身分進入網路公司，跟創業的年輕老闆之間產生一種微妙的師徒關係：年輕的老闆教資深老將學習新科技，資深實習生對老闆提供職涯與心理社會功能，這就是「反向師徒關係」（Reverse Mentoring）。反向師徒是一種反轉的師徒關係，可能是年資的反轉，由資歷較淺的員工幫助資深者學習新技能；也可能是職位的反轉，如上述之資深實習生對老闆提供諮詢功能（Chaudhuri & Ghosh, 2012; Marcinkus Murphy, 2012）。反向師徒關係可以縮短組織內不同世代員工在科技知識與新趨勢上的代溝，這種作法與傳統師徒關係雖然不同，但是可以收互補之效（吳靜吉，2013）。

反向師徒關係的實務典範，最早出現在一九九九年，當時奇異（GE）總裁傑克·威爾許（Jack Welch）

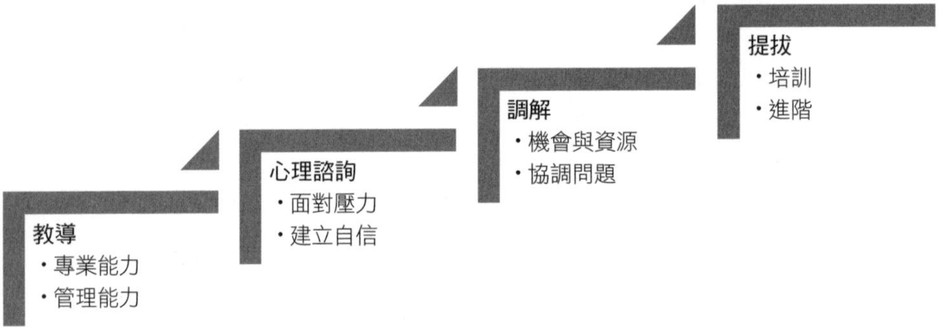

圖一　師徒關係發展階段

資料來源：Zey（1984），周希敏譯

將公司內五百位高階主管與年輕的員工配對，讓他們向年輕員工學習使用網際網路（Chaudhuri & Ghosh, 2012; Greengard, 2002; Marcinkus Murphy, 2012；吳靜吉，2013）。隨著網際網路進入生活中，人類取得資訊的方式與流量大幅變更，一九八〇～二〇〇〇年出生的千禧世代（millennial）與上一個世代之間有許多差異（Alsop, 2014; Dunning, 2000），透過反向師徒關係可以促進世代間的互動，讓組織中的資深成員獲得科技知識、學習最新的潮流、增加跨文化的全球觀點，以及更了解年輕世代（Alsop, 2014; Dunning, 2000; Marcinkus Murphy, 2012）。因此，許多組織群起效仿，例如聯合利華、華頓商學院、邁阿密大學等都使用這個方式促進學習，主要是幫助年長者學習新科技的技能（Alsop, 2014; Chaudhuri & Ghosh, 2012）。

然而要注意的是，反向師徒關係的重點不在於生理上「年齡」的差異、或是「世代」間的差異導致反轉，反向的重點在於年輕一代或者組織裡的新人，有足夠的新知識，也有意願協助資深者。良好的反向師徒關係需要得到師徒雙方對此關係的認同與承諾，當能夠提供有挑戰性的任務、情緒支持和資源交換時，反向師徒關係的品質較好（Chaudhuri & Ghosh, 2012）。

墨菲（Murphy, 2012）指出反向師徒關係的獨特之處：

- 不對等的夥伴關係：傳統師父與徒弟的師徒關係間，師父的地位比徒弟高，但是反向師徒關係中則會出現徒弟在組織內地位較高的狀況。

- 聚焦於資訊分享：分享的資訊著重於師父在科技或學科內容知識上的專業，以及不同世代的觀點，包含年輕世代對新科技、社群媒體、國際觀和新想法的觀點。
- 著重發展師父領導力：傳統師徒制強調發展徒弟的領導技能與人際互動關係上的技巧，但是反向師徒制則提供師父發展領導能力的機會，這樣的成長可以減少角色衝突並且增加工作滿意度。
- 多元支持：由於反向師徒關係是向年輕且資淺的同仁學習的特質，所以尤其需要師父和徒弟對於此多元學習方式的支持。

雖然反向師徒關係中，由生命與職場上經驗都比較少的年輕員工擔任師父的角色，但是這樣的關係仍然能夠提供豐富而完整的師徒關係功能，包括職涯功能、心理社會功能與角色楷模功能等一樣也沒少，茲將反向師徒關係的功能列如表二說明。

反向師徒關係提供豐富而完整的功能，因此也帶給年輕師父、資深徒弟與組織許多的益處。年輕師父透過展現自己的能力、統整多樣任務和關係的過程中，發展自己的能力外，也學習到資深領袖的思考脈絡與處事方法（Marcinkus Murphy, 2012; Meister & Willyerd, 2010）。另一方面，反向師徒關係幫助資深徒弟了解新世代的科技、知識、想法與話題，增進他們對組織內成員之間多元性的敏感度，以及新一代潛在顧客的了解（Chaudhuri & Ghosh, 2012）。新領袖要能夠回應複雜多變的社會變遷和社交關係，因此傳統由上而下的

表二　反向師徒關係功能表

師徒關係功能	說明
職涯功能	• 知識分享：分享專業的科技或學科內容知識，並且增進徒弟對新潮流的了解。
	• 教練：針對訓練內容以及新技能和新知識的學習給與引導和回饋。
	• 展現的機會：透過計畫和研究上的合作，與彼此的同儕建立關係。
	• 發展新技能：示範新技能並且替徒弟辨識出能夠獲得知識的機會。
	• 觀點挑戰：共創解決問題的新方法，並且師父針對現行實務狀況給予建議。
	• 建立社會網絡：教導徒弟使用社交網路和社群媒體，並且介紹徒弟進入自己的同儕中間，促進其社交整合能力並增加社會資本。
心理社會功能	• 支持與回饋：提供學習上的支持，並且對徒弟習得的新技能與新知識給予回饋。
	• 接納與認同：支持和鼓勵師父／徒弟嘗試新行為。
	• 友誼：透過在非正式場合中交換彼此不同的愛好與生活中的事件，建立跨組織階層或跨部門的友誼。
	• 肯定與激勵：在開放的環境下討論個人的發展性需求，並且鼓勵個人的職涯與個人成長。
角色楷模功能	• 新觀點：對組織與經營提供新鮮的觀點。
	• 可模仿的舉止：展現出對新想法、創新與全球觀點的開放心態。
	• 釐清價值：展現出願意學習的態度。

資料來源：Marcinkus Murphy（2012）

領導關係已經改變，與團隊成員組成親密的創意聯盟是新世代領袖的領導關鍵（Bennis, 1999; Dunning, 2000），反向師徒關係可說是培育網路世代領袖的最佳方法（Chaudhuri & Ghosh, 2012; Marcinkus Murphy, 2012）。以下說明反向師徒制帶給師父、徒弟與組織的益處。

對資淺師父的益處

傳統師徒關係中強調師父是給予的角色、徒弟是接收的角色，師父針對徒弟的生涯發展與個人能力成長上面給予許多幫助，卻忽略師父本身在學習與發展上的需求，而反向師徒關係中則提供師父豐富的學習機會。年輕師父在與資深徒弟配對的過程中，有機會了解組織中高階成員的想法（Marcinkus Murphy, 2012），進而增進對組織和產業的了解，更由這不同世代間的互動中培養自己的社會網絡、人際互動能力和領導力。整理學者們（Chaudhuri and Ghosh, 2012; Marcinkus Murphy, 2012）提出年輕師父在反向師徒關係中可以得到的益處包括：

- 領導力發展：年輕師父透過多元關係中的互動與協調，以學習高階主管的思考脈絡增進其領導能力。
- 增進組織相關的知識：透過資深徒弟在組織內的不同位置，以及其對於產業的了解，年輕師父能取得更多組織與產業相關的資訊。

- 個人學習：與資深者互動的過程中，學習到公司高階成員的思考模式以及專業知識。
- 累積組織內的社會資本：了解到工作任務中含有許多人際間彼此依賴或互相連結的部分，進而累積社會資本。
- 提升個人權能：年輕師父在指導過程中，從資深徒弟及高階主管得到他對於自己專業上的尊敬和感謝，將提高年輕師父的自我成就，進而增加個人權能。
- 提高士氣：個人的表現可以得到組織中資深者的認同與鼓勵，並且建立自己的社會網絡，進而提升工作士氣。

對資深徒弟的益處

反向師徒關係打破傳統的上下階層關係，師徒成為彼此跨世代的學習夥伴，各自為對方貢獻自己的專長與經驗，在互信、互惠的關係中互相學習（吳靜吉，2013）。由於反向師徒關係的作法使資深員工或主管反而成為徒弟的角色，所以很需要資深者對於此多元學習作法的認同，因為反向師徒關係的品質，依賴師徒兩者間交換的有形與無形資源（Chaudhuri & Ghosh, 2012）。反向師徒關係中資深徒弟可以透過這樣的關係學習新的科技技能、更了解年輕世代的社會脈絡，並且也從中拓展自己的社會網絡。資深徒弟在反向師徒關係中可以得到的益處包括（Chaudhuri & Ghosh, 2012; Marcinkus Murphy, 2012）：

- 新科技的知識：可以學習到最新的學科內容知識或科技技能。

- 增進領導技巧：增加對新世代員工的了解和關係的培養，進而提升領導技巧。
- 關係學習：了解到自己所處的關係網絡中的新觀點，並且增進對工作場域中多元性的敏感度。
- 增加社會資本：資深徒弟透過學會使用社群網路的科技和知道更多的話題與題材，進而聯結跨世代的社交網絡而累積社會資本。

反向師徒關係幫助資深者進入不同的文化，了解不同族群的需求。例如寶僑家品公司（Procter & Gamble）推出的「向上傳承」（Mentoring Up）方案，將男性資深主管與資淺女性員工配對，由女性員工擔任師父，幫助男性資深主管了解女性在工作場域中會遇到的議題與觀點（Chaudhuri & Ghosh, 2012; Zielinski, 2000），結果男性主管得到很大的收穫。成功的反向師徒關係可以增進資深者的組織承諾，使個人能夠以正向積極且滿足角度看待工作（Chaudhuri & Ghosh, 2012）。

對組織的益處

反向師徒關係提供師父與徒弟雙方豐富而多元的功能和益處，被視為是公司培育新世代領袖的有效方法，透過個人的成長與發展，也增進組織整體能力的提升，尤其是資深者與資淺者間的學習，增進兩代之間知識的交流，提高組織的學習能力（Chaudhuri & Ghosh,

2012; Marcinkus Murphy, 2012）。

墨菲（Murphy, 2012）點出反向師徒制帶給組織以下的益處：

- 人才管理：透過反向師徒關係的建立，提升參與者的學習成長，並且可以增加資淺者與資深者對組織的涉入程度（involvement），進而增進員工對組織的承諾感（Chaudhuri & Ghosh, 2012），達到人力資源的「選、用、育、留」。
- 培育新世代領袖：培育了解不同世代需求的新世代領袖，以及能夠建立跨世代的聯盟團隊關係的新領袖。
- 促進社會公平與組織多樣性：在互動中增加師徒雙方對組織多元性的敏感度與同理心，培養良好和諧的跨世代關係。
- 弭平科技鴻溝：反向師徒關係中，年輕師父幫助資深徒弟了解新科技的使用方式是傳承的重點。
- 增進資深員工對潮流與顧客的了解：資深徒弟向年輕師父學習的過程中，同時了解新一代潛在顧客的習性與觀點。
- 促進創新：反向師徒關係中，開放的環境、多元的觀點與新概念的激盪都是提高創新的幫助。
- 提升組織學習力：透過反向師徒制提升了個人的學習，進一步提高了組織的學習力。

隨著千禧世代勞動力進入勞動市場，身為網路原住民的千禧世代其成長經驗與價值觀點，都與前一個世代相去甚遠，因此組織內部的主要勞動力間，出現明顯的世代差異與科技落差，反向師徒制成為組織持續學習及培育新世代領導者的重要途徑。

三人行必有我師：同儕型師徒關係

只要抱著學習的心，不必然要碰上資深前輩，同輩也可以成為自己學習的對象。師徒關係對個人的職涯發展和個人成長都有所助益，對個人而言是重要又珍貴的關係資源，但是在現代組織卻不容易出現傳統師徒關係（Kram, 1988）。在現代組織中可以提供師徒關係功能，也更普遍的提供個人發展性的幫助和滿足發展性需求的關係，就是同儕間的師徒關係（peer relationships）（Kram and Isabella, 1985）。

組織內部普遍存在同儕之間的師徒關係，同事在合作達成工作目標之餘，為彼此提供職涯發展和心理社會的幫助（Pullins, Fine & Warren, 1996）。同儕之間由於有許多的互動機會，因此更了解彼此的工作表現，當向對方提出回饋時，比較容易被接受，而且因為擁有相似的經驗，在心理社會功能的幫助上更能貼近對方的需求（Russell & Adams, 1997）。同儕師徒關係會依照個人的年齡與職涯發展而有所改變（Kram & Isabella, 1985），例如，原先雙方皆是新人互相打氣，隨著個人升遷速度與際遇不同，可能若干年後成為上下關係，呈現出師徒關係是一種動態的關係。

克魯（Kram, 1988）將組織內的同儕關係依照組織層級與年齡分為兩類：「層級同儕」（level peer）與「年齡同儕」（age peer）。層級同儕即同儕間彼此層級相近時，這樣的關係很容易演變成既親密又持久的關係；當兩者的年齡有顯著的差距時，這樣的關係很有可能相似於師徒關係，因為較長的年齡伴隨較多的經驗，可以提供經驗傳承。另外一種年齡同儕是指在組織中層級不同，但是年齡相同，這種同儕也因為不同的經驗而發揮類似師徒關係的功能，但是比較偏向分享共同經驗與職涯兩難狀況諮詢。

友直、友諒、友多聞：同儕型師徒關係的功能

西方學者克魯與伊莎貝拉（Kram and Isabella, 1985）的研究中指出，同儕師徒關係可以提供傳統師徒關係相仿的功能，也就是職涯功能與心理社會功能，但是其內涵有所不同，在職涯功能方面有：

- 資訊分享（information sharing）：提供專業技能相關的知識，並且協助彼此了解組織內部文化，增進個人工作效率與正確性。
- 職涯發展策略（career strategizing）：同儕之間彼此可以作為互相討論的對象，透過討論職涯發展的不同可能（career options）和面臨的兩難困境，幫助個人探索自己的職涯規劃。

- 工作表現回饋（job-related feedback）：給予工作任務相關的回饋，讓個人可以評估自己的表現，進而促進專業成長。

在心理社會功能方面有：

- 肯定（confirmation）：透過同儕間彼此分享價值觀、信念和對事物的看法，找出彼此共享的觀念。兩人相同的看法會成為對彼此的重要肯定。
- 情感支持（emotional support）：在面對職位轉換或者是壓力情境時，同儕間透過傾聽與諮商（counseling）提供對方情感支持。
- 個人表現回饋（personal feedback）：同儕之間不只針對工作相關的情況給予回饋，也提供個人表現的回饋，這些回饋幫助個人學習到自己的領導風格、了解到自己如何影響組織裡的人，並且也幫助自己省察自己如何管理工作與家庭之間的平衡。
- 友誼（friendship）：同儕之間會建立友誼，對個人的關心超過工作範疇，是對全人生命的關懷。

由上述可知，同儕師徒關係相較於傳統師徒關係，有更多的情感連結與自我揭露，彼此的關懷超越工作範疇而進入私人領域，是全人關懷的關係。同儕間的師徒關係相較於傳統師徒關係的最大不同點，在於其互惠關係。不像在傳統師徒關係中，某一方擔任指導者或贊助者的給予角色，另外一方擔任接受者的角色，同儕關係中雙方既是給予者也是接收者，因此可以幫助個人增進專業能力、責任感以及作為專業者的認同感（Kram, 1988; Kram & Isabella, 1985）。

亦師亦友：同儕型師徒關係的類型

克魯與伊莎貝拉（Kram and Isabella, 1985）依據不同的發展功能、信任程度、自我揭露程度和同儕師徒關係在社會情境中的涉入程度，將同儕師徒關係細分為三種類型，其自我揭露與彼此信任程度依類型遞增：

- 資訊型同儕（information peer）：師徒關係建立在資訊的交換，主要是交換工作和組織的相關資訊，在此關係中自我揭露程度和信任程度偏低，無法提供更多的職涯相關功能。此類型是組織內最為普遍的同儕師徒關係類型，因為大部分人有意識的維持大量的資訊型同儕師徒關係，以便獲取資訊。
- 同學型同儕（collegial peer）：這個類型的同儕師徒關係較資訊型同儕有更多的自我揭露與信任感，個人願意更深入而親密的分享工作和家庭的狀況，除了資訊分享外，也增加給予對方工作表現的回饋，以及社會心理上的支持等功能，多數人會擁有二到四個同學型同儕師徒關係。
- 特殊型同儕（special peer）：此為最親密的同儕師徒關係，在關係中伴隨高度的自我揭露，個人會揭露自己在工作和家庭面對的核心問題和兩難困境。這個關係提供最廣的職涯功能與心理社會支持，因此這樣的關係即使經歷職位轉換也可以維持，並且提供個人強烈的安全感、心理支持與對工作的歸屬感；不過個人擁有的特殊型同儕關係通常很稀少，僅一到三人，甚或沒有這樣的關係。

同儕師徒關係提供類似於師徒關係的功能，其特點就在於同儕間兩者的互相給予也彼此接受的互惠性，以及高取得性；由於組織架構的關係，一個人擁有許多的同儕的機會，勝於擁有單一師父的機會。此外，一個人可以同時向許多同儕提供發展性功能的支持，並且同時接收不同同儕給予發展性功能的協助，同儕師徒關係相較於傳統師徒關係是比較沒有專屬性／獨佔性的。

同儕師徒關係相較於傳統師徒關係更為親密，相對於傳統師徒關係普遍維持三到八年的時間，同儕師徒關係可以持續更長的時間，甚至到二十至三十年之久，陪伴個人度過不同工作的轉換與生命中的各種改變，最終成為一個獨特而重要的關係（Kram, 1988）。這類似於《論語．述而篇》中，孔子曰：「三人行，必有我師焉。擇其善者而從之，其不善者而改之」所描述的情況。意指當個人與多人相交往時，只要抱著學習的心態，必定可以從不同的人際互動關係中有所學習，使個人更臻完善。

尋找生命中的貴人：發展網絡師徒關係類型

金庸小說筆下的武林高手，像是郭靖、楊過與張無忌等，都是在江湖飄泊中成長，他們各有不凡的奇遇，遇到許多名師傳授各自的絕技，最後練成絕世武功、終成大器。傳統「從一而終」的觀念，對徒弟來說也許並非好事。而一位師父終其一生通常也不止收一位弟子，不過師父跟每位徒弟的關係深淺，卻不盡相同，像是孔子就有三千個登門弟子，卻只有七十二位入室。

以上所述兩種情況，分別代表了師徒關係在「廣度」與「深度」上可能的變化。當師父人數多、且來自不同領域時，就是廣度大，徒弟不論是在轉換跑道，或者不同階段的成長，或者在做各種選擇或衝突考慮的時候，不同的師父就可以提供意見。深度來自師徒之間的互動，包括互動頻率的多寡與互動品質的深淺；不一定要常見面，但在緊要關頭的時候能互相關懷協助，就是有深度（吳靜吉，2012）。

西方學者克魯（Kram, 1988）也提出個人的學習並非仰賴單一師父，而可以從多元的、不同的師父「們」得到職涯發展的幫助。師徒關係並非為單一資深師父傳遞給一個徒弟的單向關係（single dyadic relationship），相反地，師徒關係具備發展性與多元性。將師徒關係視為一種「發展型網絡」（developmental network），更符合實際發生的情形。要如何辨識出師徒網絡呢？這必須由「徒弟」出面指認，釐清所謂生命中的「貴人」，就是一群關心他的職涯發展、並且提供他發展性支持（包括職涯功能或心理社會功能）所組成的關係網絡（Higgins & Kram, 2001）。

因此，前述的廣度與深度有了明確的意義：廣度意指資訊的幅度（range），社會網絡越有多元性（diversity），個人從其網絡中所得到的訊息流（information flow）就越豐富；訊息重複性越低，能夠得到越多有價值的多元資訊（Burt, Minor & Alba, 1983; Granovetter, 1973）。反之，豐富度越低的社會網絡，個人得到的訊息就越聚焦於某些資訊。深度意指關係的密度（density），通常師父跟不同弟子的關係強度會有所差別，每位師父都會有特別鍾愛與得意的弟子，這就是人與人之間的關係密度。根據海金斯與克魯（Higgins & Kram, 2001）的看法，社會網絡多元性可由兩個因素判定：

- 資訊幅度：訊息來自越多不同的社會系統則資訊幅度越廣。
- 關係密度：網絡中不同人之間彼此是否認識或有連結，彼此認識或互相連結的情形越多則密度越高。

當提供一個人發展性協助的重要發展者們，彼此間互不認識的時候，這個人的發展型網絡是低關係密度的弱連結（weak ties），資訊重複性也低。例如，一個上班族的訊息網絡來自於其工作場域的同事、過去學校的同學、其他社群（例如教會、社團）等不同地方時，則可說他有較高的資訊幅度，所獲得之資訊有可能不重複。

海金斯與克魯（Higgins & Kram, 2001）進一步提出個人發展性網絡的「多元性」：網絡中訊息來源的多樣性，即訊息來源是來自不同的社會系統，例如來自同事、學校、社交網絡、專業協會等等，而非指發展型網絡內師徒間性別、種族等的差異；以及網絡內「關係之連結強度」：關係強度由兩者間的情感影響程度、雙方互惠程度以及兩者溝通的頻率來判斷（Granovetter, 1973），當這些特質較強時，雙方的關係強度較強，且比較願意互相幫助（Higgins & Kram, 2001）。由此兩個向度畫分，得到發展型網絡的四個類型，也就是四種師徒發展型網絡：分別為創業型發展網絡、從一而終型發展網絡、投機型發展網絡與守株待兔型發展網絡，圖二

		發展關係強度（Tie-strength）	
		弱連結（Weak tie）	強連結（Strong tie）
發展關係多元性（Diversity）	高廣度（High range）	投機型發展網絡（Opportunistic developmental networks）	創業型發展網絡（Entrepreneurial developmental networks）
	低廣度（Low range）	守株待兔型發展網絡（Receptive developmental networks）	從一而終型發展網絡（Traditional developmental networks）

圖二　發展網絡類型圖

資料來源：Higgins & Kram（2001），李欣龍（2006）

表現四個網絡的類型。

這四種發展網絡類型，區分了不同的師徒關係，對師徒可能的影響如下：

1. 創業型發展網絡

指徒弟和數個來自不同社會脈絡的師父間有強連結的關係，此關係中有多樣性的師父來源、師徒之間的連結較強。這個名稱來自於社會網絡大師伯特（Burt, 1993），稱跨越多個團體或含有許多子網絡的社會網絡為「創業型」網絡。他認為這種網絡很有價值，它讓人有機會接觸多樣化的訊息來源。由於師父們來自不同的社會網絡，因此師父之間彼此相互連結的可能性較低，降低了訊息重複性，使徒弟可以得到多元的資訊（Higgins & Kram, 2001）。而強連結使人有更高的動機去協助對方，願意讓對方親近（Granovetter, 1973）。因此創業型網絡中的師父有高度的誘因願意提供徒弟資源與協助。

創業型發展網絡的代表，該屬《射雕英雄傳》中的郭靖。他早年在大漠時，拜射箭高手哲別為師，學習射箭的技能；後來跟江南七怪學武，並且從全真派掌門丹陽子馬鈺身上學習全真派內功，打下深厚武功的基礎。在黃蓉的巧思安排下，跟北丐洪七公學降龍十八掌，爾後在桃花島上又有奇遇，跟老頑童周伯通習得九陰真經、空明拳、雙手互搏等三套上乘武學。這些師父們，分別傳授不同的絕技給郭靖，郭靖跟他們也都建立親厚的關係，在他後來的人生發展過程中，師父們扮演重要的角色。

2. 投機型發展網絡

徒弟和數個來自不同社會系統的師父建立弱連結的關係，是多元資訊來源與低關係強度的組合。師徒雙方頻繁互動才能建立強連結，如果徒弟不主動尋求師父的協助，也不投入培養彼此的師徒關係，那麼師徒間的關係強度就僅為弱連結。這種發展網絡的特性，徒弟對於接受多元的指導來源，維持開放的態度，可能是多多益善，但是徒弟對於培養師徒間的互動，又偏向消極作風，因此師徒關係能否產生好的效果，就很難說了。

投機型發展網絡的代表，像是《鹿鼎記》中的韋小寶。他雖然拜過不少師父，其中更不乏許多當世一流高手，如海大富、澄觀、洪安通及蘇荃學。雖然韋小寶對跟不同師父學功夫抱持著開放的態度，以致於四處拜師，但他生性懶惰不肯勤練功夫，因此他的武功始終不高。韋小寶除了跟天地會總舵主陳定南較為親近之外，跟其他師父的關係都不深，他自己曾說「老子師父拜了不少，海大富老烏龜是第一個，後來是陳總舵主師父，洪教主壽與天齊師父，洪夫人騷狐狸師父，小皇帝師父，澄觀師侄老和尚師父，九難美貌尼姑師父，可是一大串師父，沒一個教的功夫當真管用。老子倘若學到了一身高強內功，雙手雙腳只須輕輕這麼一迸，繩索立時斷開，還怕什麼鬼丫頭來火燒藤甲兵？」（《鹿鼎記．第二十九回：卷幔微風香忽到畹床新月雨初收》）

3. 從一而終型發展網絡

類似傳統的師徒關係，徒弟與來自相似的社會脈絡中的少數師父建立緊密的強連結關係，在此關係中師徒雙方彼此尊重、信任和分享。但是由於師父人數較少且來自相似的社會脈絡，因此師父們彼此認識的機率較高，徒弟獲得的訊息相似度與重複性都比較高。相較於投機型與創業型的規模，從一而終型的關係網絡規模較小，但是網絡內師徒的連結卻很緊密。可以說師父的價值觀、生命歷程與知識視野，都直接傳遞給徒弟。

德國博士生的培養是此類型師徒關係模式的最好例子，在博士班就讀期間，學校對博士生並沒有修課的要求，只是要求博士生跟隨其指導教授，在一對一的指導下，完成博士論文。此外，《神雕俠侶》中的小龍女，是古墓派創派人林朝英貼身丫鬟的傳人，終其一生，小龍女都未拜其他師父習藝。

4. 守株待兔型發展網絡

徒弟與來自相似社會脈絡的師父形成弱連結的關係，徒弟接收到的訊息相似性與重複度較高，又因為是弱連結，師徒間不會出現類似黨派的緊密關係架構，師父提供給徒弟的支持不似從一而終型那麼高。由於來自相似社會脈絡，因此師父之間彼此認識的機率較高，但是他們也有可能互不相識。以「守株待兔」命名這個發展型網絡，因為它代表徒弟對於接受師父幫助的開放態度（待兔），但是徒弟卻並未主動積極建立發展性關係的態度（守株）。此類型的例子比比皆是，徒弟多是各領域內的失敗者。

發展網絡觀點的特點是從「徒弟個人成長的需求」出發，而非由師父或組織的角度出發，海金斯與克魯（Higgins & Kram, 2001）進一步提出發展網絡師徒關係對「職涯轉換、個人化學習、組織承諾與工作滿意度」等四方面之影響：

- 職涯轉換：指個人自行選擇的職涯轉換，例如換工作或換組織。當徒弟從不同的、多樣性的來源得到職涯功能時，會增加徒弟的訊息來源、資源和得到較多元的職涯選擇可能性（Burt, 1993），因此當徒弟的發展型網絡多樣性較高時，會傾向主動的做職涯轉換。此外，當徒弟與師父有強連結時，師父會有較高的動力幫助徒弟轉換工作，也樂於提供更多的工作機會。在強連結關係中，有強烈的情感連結、互動關係與信任度，所以徒弟也比較傾向於接受師父提供的建議和選擇（Higgins, 2001）。較高的發展網絡多樣性與強連結的關係，對徒弟的職涯轉換提供更多機會與幫助。
- 個人化學習：個人化學習透過專業能力的提升，幫助個人認識自己的價值觀、優點與缺點，以及提高對自己發展性需求、回饋和行為模式的覺察，增進個人的成長與發展（Kram, 1996）。強連結關係提供徒弟體驗到較多個人化學習的經驗，而多樣性的發展關係網絡可以增加個人獲得多樣化的資訊與觀點，進而提升個人的學習。
- 組織承諾：組織承諾是指員工對組織的目標與價值高度的接受與相信（Mowday, Porter & Steers, 1982; Pratt, 1998），也指員工與組織之間有強烈的心理連結（psychological bond），以及員工的心理、行為和認知強度都對組織有高度連結。傳統型發展網絡會帶來較高的組織承諾感，因為此網絡中由強連結提供相似的資訊，提高個人對組織價值與目標的認知強度，並且接收到豐富的發展性協助的個人會對組織有高且長期的承諾。

- 工作滿意度：工作滿意度來自員工在工作中的表現得到他人的認同與肯定。因此弱連結關係會使個人較不容易經歷到接納與認同，因為這個功能是透過有意義的頻繁互動得到的（Kram, 1988）。因此投機型發展網絡和守株待兔型發展網絡者會有較低的工作滿意度，而守株待兔型發展網絡者更低於投機型發展網絡者。

你儂我儂忒煞情多：師徒關係好處多

師徒關係使師父與徒弟都獲得益處，不但協助師徒雙方的職涯發展，並且也增進兩者生活上的福祉（Kram, 1988; Scandura, 1992; Zey, 1984）。除了個人得到好處之外，師徒關係也為其存在的組織帶來益處，可以加強員工的忠誠度、培育新管理人才、提升生產力等（Kram, 1988; Zey, 1984）。以下詳述師徒關係帶給師父、徒弟與組織的益處。

水漲船自高：師徒關係對師父的益處

師徒關係能提供多少功能？上限取決於師父的職位與影響力，師父付出時間、個人聲譽與資源等，也為徒弟承擔一定程度的風險。大部分的師父其實是抱著飲水思源、無怨無悔地做這些事，但師徒關係也會回饋給師父許多實質的益處，包括：個人在組織中聲譽的提高、影響力增加、建立對自己忠誠的資訊網絡等益處（Kram, 1996; Zey, 1984）。

根據瑞（Zey, 1984）歸結師徒關係對師父的益處有下列十點：

- 促進事業發展：成功的為組織培育管理人才，將提高師父的聲譽與影響力，而訓練過後的徒弟也將成為師父有力的協助者。
- 建立資訊網絡：能否掌握重要資訊在個人的職涯發展中具關鍵地位，師父個人力量有限，徒弟是師父的資訊蒐集者，可以幫師父建立資訊網絡。
- 意見來源：由師徒雙方密切互動建立的信任關係，提供可信的意見交流對象，徒弟也能為師父提供忠實的建議。
- 心理報酬：指導徒弟帶來的被尊敬與滿足感，對師父的自我價值有正向影響，並且能提高師父被組織重視的程度。
- 延續自我成就：當個人創造出創意成就時，會希望這個成就可以被延續下去，而徒弟就擔當承先啟後的任務，師父也透過這個傳遞的過程，再次向世界展現自己的成就。
- 持續學習：透過指導的過程中，師父會和徒弟進行思想與觀念的交換，促使師父不斷更新自己的資訊以及教學方式，學習新事物，不斷保持在最佳狀態。
- 成為典範：成為一位師父，會使其身體力行心目中理想的樣子，並將價值觀傳遞給徒弟，勇於挑戰自己，最終成為徒弟模仿的典範。

- 增加價值：教導別人會增加自己對別人的價值，成為自身可貴的資產。
- 激發創造力：透過與徒弟溝通，幫助師父活用自己的創造力，並且不斷刺激思考解決問題的新方法。
- 施比受更有福的人生哲學：指導徒弟得到的尊重、感激、肯定和信任，都將增加個人的自我成就感知，增進個人的幸福感。

喬朗（Charan, 2007）在《領導梯隊》一書中點出，優秀的企業主管應該具備培育新領袖的能力，藉此建立自己的人脈網絡，也為組織訓練好的領導人才，不論多麼資深的領導者都應該不斷的透過師徒關係持續學習。固特異（Goodyear, 2006）認為師徒關係可以幫助師父達成留下遺產（legacy）的渴望，享受徒弟的尊敬，以及自己在他們身上的影響力。有時候好處也來自反向師徒關係，向資淺者學習到新的技能，更了解新的世代。擔任師徒關係中的師父，將帶來更多個人化學習的成長，不但激發創造力，也讓個人持續學習增進學習力，也得到無價的心理報酬，以及個人名譽和個人在組織中地位的提升。

師父領進門：師徒關係對徒弟的益處

師徒關係透過職涯功能、心理社會功能與角色楷模功能協助徒弟的職涯發展，除了提升其專業知識與技能，更重要的是協助徒弟融入組織情境，並提供升遷的機會（Scandura, 1992）。成功的師徒制可以幫助個人學習組織規則，並且增加職涯滿意度，也增加徒弟的薪水，建立其在組織中正面的影響力，進而減少離職率（Goodyear, 2006）。

沒有師父指導的員工，容易缺乏對組織與產業的了解，以及對職涯規劃的發展方向：並且因為沒有得到支持，缺乏正向工作情緒，對組織與工作的滿意度較低（Zey, 1995）。沒有師父指導的員工，其職涯發展相對較差，在組織中的層級較低、薪水也較低，這點已經獲得實證研究的證實（Scandura, 1992）。師徒關係的職涯功能與心理社會功能，確實能夠提升徒弟的薪資與升遷機會，在職涯發展上對徒弟有所幫助。在師徒關係的訓練下，徒弟透過充滿挑戰性的工作內容發展自己的領導天分，同時磨練自己發展出新的技巧與能力，展現個人特質的優勢（Charan, 2007）。

海金斯與克魯（Higgins & Kram, 2001）發現，很多專業人士的職涯都有「發展型網絡」，提供類似師徒關係的功能，網絡中的成員不限於資深人員，也包含幫助個人習得新技能的同儕和資淺的專業者。此外，家庭成員和朋友也在發展型網絡中扮演重要的角色，提供角色楷模與心理社會的功能。當徒弟擁有多元師父的時候，將獲得更為有效的機會與協助。

師徒關係可以幫助徒弟培養自己的領導潛力，並發展成為下一個組織領導者（Charan, 2007）。史喬丁和韋克曼（Sjodin & Wickman, 1996）將師徒關係可以帶給徒弟的好處列舉如下：

- 開啟知識的大門
- 提供設立目標的教導與建議
- 省時
- 省錢
- 降低挫折感
- 提高成功率與生產力
- 增強職業滿足感
- 加強整體生活的幸福感
- 增加工作投入度與忠誠度

師徒關係對於女性在組織中的晉升有關鍵的影響力（Dreher & Ash, 1990）。契克森米哈里（Csikszentmihalyi, 1997）的研究發現，好的師父可以幫助徒弟專業知識的發展，也能夠激起徒弟對某學科的潛在興趣，並提供正確的挑戰，引導他們發展自己的興趣成為終生志業。師父也發揮自己的影響力，為徒弟爭取到該領域中重要領袖的注意。他調查的九十一位傑出人士，其中有十四位表示他們在大學時遇到對人生有重要影響的師父。

典範再傳承：師徒關係對組織的益處

師徒制對組織而言，是一種有效的人才培訓方式，其中最重要的就是對組織領導人的培訓。科林與普勒斯（Collins & Porras, 2005）研究美國多家百年企業的發展歷史之後，發現永續企業中的領導人大多來自企業內部而非外來，因此在組織內部建立有效的傳承制度非常重要。喬朗（Charan, 2007）進一步提出，師徒關係是發掘潛力領導者與培育領導人才的有效方式。師徒關係帶來的多樣好處，使徒弟有意願擔任其他人的師父，並且成為良好的師父典範（Sjodin & Wickman, 1996）。

唐寧（Dunning, 2000）的研究發現，出生於八〇~九〇年代的人，出現不同的領導需求，新世代的領袖除了要能提供激勵人心的願景之外，也需要能夠達成願景的執行能力，並且善於人際互動，擁有好的情緒管理能力。唐寧認為，領袖不是天生，而是後天塑造成的，新世代的領袖需要與員工組成創意聯盟（creative alliance），而不是透過由上而下的組織階層關係進行管理，師徒關係就是一種多元形式的組織內部關係，具備發展人才與培育領袖等功能。

歐洲盟軍最高司令部的海軍上將史塔夫瑞迪斯（James G. Stavridis）認為，師徒關係是所有組織應該優先發展的關係。他認為師徒關係就是將自己作為楷模（model），讓資淺者知道該如何和其他人互動。他認為一個真正的領袖是要先傾聽、學習、教育，然後才能領導別人，跟自己的跟隨者建立信任與承諾的關係（Dannar, 2012）。

根據研究，師徒關係對組織的益處，除了培訓領導人，還有以下六點（Zey, 1984）：

- 增加投入感：師父的指導能夠使徒弟建立對組織的「從屬感」、「團體感」，認為自己被組織接納，師父是組織與徒弟的中間人，增加師徒雙方對組織的投入感。
- 降低流動率：師父門生對組織產生緊密的情感連結，在師父的支持下，門生不會有懷才不遇或沒有升遷機會的困境，可以降低離職率。
- 組織有交流：師徒關係本身就是一種交流關係，可以使師徒各代表的兩個部門之間消息有所流通。
- 知識有管理：師父在傳遞技能與知識給徒弟的過程中，也形同保留了組織的知識與經驗，縮短徒弟學習時間，促進知識管理的發展。
- 接班才順利：透過師父的指導傳遞公司文化的價值、目的和傳統，使管理權順利的從上一代移交給年輕世代
- 提高生產率：師父教導徒弟使用組織設備的功能、提升工作技巧、使用資源的最佳方法，也提高徒弟的熱情、工作情緒與動機，因而提高了組織生產率。

師徒關係透過為師徒雙方帶來的好處，對組織整體帶來貢獻，它整合了組織中個人的利益，降低離職率減少人事變動帶來的成本，進而幫助組織蓄積人才與知識，師徒關係也

協助組織培育管理人才，透過這個密切互動關係使組織內部建立順暢的溝通，透過師父做為角色楷模提供徒弟觀察，培養徒弟的企圖心和運用權力的能力（王萬里，1992）。

從師徒邁向互助的團體、組織與社會

師徒關係是一種對個人的職業生涯與成長有幫助的發展性關係，它提供職涯功能、心理社會功能與角色楷模功能，於公於私都提供支持與資源，並且師徒關係為師徒雙方都帶來益處。對師徒關係的看法由過去的單向一對一，逐漸擴大到發展型網絡的概念，徒弟可由不同的師父取得不同的資源與學習經驗，雙方的關係上也有強弱不同的關係連結。

韓愈〈師說〉：「弟子不必不如師，師不必賢於弟子，聞道有先後，術業有專攻，如是而已。」師徒關係也不限於由年長而資深的組織內成員提供，徒弟可以從同儕、家人、其他社群成員，甚至能夠從較年輕或較資淺的組織成員身上得到類似於師徒關係的功能，站在以個人為中心的立場，個人的學習來源既多元又複雜，提供個人更全面而有價值的發展性支持社會網絡。

廣義的師徒關係是幫助資歷較淺的人在組織內的進步與發展（Kram, 1988），個人的學習並非仰賴單一師父，而是從多元、不同師父上得到職涯發展的幫助，這種發展性協助不限於年齡、資歷和組織內部，同儕之間也可見此支援關係。師徒關係透過提供職涯功能、心理社會功能與角色楷模功能，協助個人的發展與成長。

師徒關係帶來的益處很多，除了在群體中自然地發生之外，也逐漸被組織有計畫的運用進行系統性的人才培訓，發揮更大的效果；師徒關係中很重要的內在特性，在於找出與發揚人和人之間的「互助」精神，從「我」到「我們」，從我好到你好到大家好，這種互助精神正是前一章社會創新所隱含的精髓，而「大家好」更是社會創新的目標，然而類似的議題卻很少被討論，因此本書將深入觀察兩個在地實踐的社會創新個案，除了描繪其創新的發展與特色，也揭開其師徒關係的脈絡，進一步探討這兩者之關係內涵。

第三章　創新與傳承：兩案例說明

本書探討社會創新何以形成，與社會創業家如何傳承，選擇賴青松、黃聲遠與其各自創辦的穀東俱樂部及田中央聯合建築師事務所為案例；本章將歸納前兩章社會創新與師徒傳承的重點，並說明這兩個案例的沿革與基本資料，我們為何選擇此兩案例來闡述本書主題，以及本書呈現內容背後資料搜集與整理的概況。

社會創新與師徒傳承

社會創新近年來的發展與成功實例備受注目，反映出社會存在著許多未被滿足的需求亟待補足、未能順利解決的問題亟待處理（Caulier-Grice, Davies, Patrick & Norman, 2012），大家都期待更多的社會創新案例發生，以突破我們既有經驗的方式，發揮正向的影響力，讓社會受益（Cajaiba-Santana, 2014）。像是第一章的「明日鞋」，將商業行為加上公益目的；「大誌模式」與「另眼看倫敦」將遊民的遊蕩轉為生產力，不僅解決自身問題還協助創造他人利益。這些巧思中，最難的不是如何產出這些巧思，而是如何將好的想法實踐、擴散、系統化，成為翻轉社會的力量。

社會創新透過個人、團隊組織或是社會運動來改善社會問題（Mulgan, Tucker, Ali, & Sanders, 2007），觸發這些後續改變的重要媒介（change agent）是人，這些個人、團隊組織或運動的領導人，引領新觀念與新做法以改變社會，被視為觸發改變的關鍵。這些個體或組織稱為「社會創業家」，他們是社會創新的重要媒介，因此如何培育社會創業家成為重要關注議題。

師徒關係是一種人才培育的管道，在現代學校體系興起之前，更是主要的方式；時至今日，仍有傳統工藝產業以師徒方式培育徒弟，在技藝方面的傳承上特別有效。現在商業組織也運用師徒關係的功能，協助培育儲備人才；而師徒的組合也更多樣，不限於過去的資深師父配上資淺徒弟，可能是顛倒過來、或是平行的關係，一樣也能產生師徒關係，達到類似的效果。前一章並特別針對網絡師徒關係進行深入探討，畢竟網絡複雜動態的互動情況，比較符合現代社會人際關係的狀況。而創業型發展網絡，讓徒弟接受多元刺激、連結也有足夠強度，是最能培育人才的師徒關係。

本書更進一步的目的在探討「創新」與「傳承」之關係。「創新」來之不易，也最被大眾所期待，因此許多後進者都希望能模仿甚或複製創新，但若僅是複製，將不能達到創新的目標。創新必須具備新穎性、透過執行並產生價值，社會創新不只要符合社會性目的，還要能發揮社會影響力。如何期待更多的社會創新？本書主張，可以從「傳承」的角度來看，傳承不是快速的複製、刻意的模仿，傳承像是一種緩慢的「引導與轉化」，透過師徒關係的建立，加以長時間的學習歷程，才是引發更多創新的關鍵。以下說明本書兩個案例的背景、選擇理由與資料搜集情形。

賴青松與穀東俱樂部

賴青松，一九七〇年出生，新竹人。國中時到台中鄉下阿公家居住一年，是生命中第一次與土地親近的經驗，短短一年的農村生活讓賴青松留下了永難抹滅的美好記憶。大學就讀成功大學環境工程學系，畢業後曾經在主婦聯盟共同購買中心工作，取得獎學金赴日研習「共同購買」的實務操作模式。為了圓自己一個「回家」的夢，也為了給女兒如同自己小時候經歷的農村生活一般快樂的童年經驗，於二〇〇〇年遷居宜蘭，從事日文翻譯之餘，初次嘗試種植稻米。隨後赴日求學，於岡山大學取得環境法碩士，雖然教授鼓勵他繼續念博士深造，但是心中仍然牽掛緊貼土地脈動的悸動，因此於二〇〇四年偕妻子與一雙兒女，回到妻子的家鄉——宜蘭員山鄉，在岳父提供的一方水田裡面做起作穡人（種田人）（賴青松，2007）。

賴青松自許為「志願農夫」，實踐自然耕種農法，他創立「穀東俱樂部」從自身關懷環境與享受農耕為出發點，結合日本生活俱樂部之精神，由消費者透過預購方式購買稻米，出資者共同分攤農耕風險，減輕採友善耕種方式種植農作物的小農之負擔，為台灣在地社會創新的新創代表。

在傳承關係上，除了視何金富亦師亦父外，賴青松也引領「宜蘭小田田」這群年輕人進入宜蘭農村，讓他們有機會耕種稻作，並且傳授相關知識與技巧，為他們連結社會網絡。

賴青松除了為許多人提供營養美味的稻米之外，也希望為更多人經營一個可以回去的「故鄉」。在非農忙時節致力於小農經濟環境的改善與觀念的傳遞，熱心奔波於大大小小的演講，並且接受媒體的採訪，更被農委會選為新農運動「漂鳥計畫」的代言人，深耕宜蘭十多年的時間，儼然成為宜蘭小農的代言人。賴青松與穀東俱樂部的影響力跨越臺灣，二〇一五年十月他前進日本農業重鎮九州宮崎縣，在「台灣塾」十月份大會上分享穀東俱樂部的經驗，並於同年十二月與宜蘭縣政府一起舉辦了「東亞慢島生活圈小論壇」，邀請日本、馬來西亞、香港、海南島等地的歸農青年一起分享交流在地農村慢生活。

黃聲遠與田中央聯合建築師事務所[1]

黃聲遠，一九六三年出生於台北，是外省家庭第二代，現在定居宜蘭。大學就讀於東海大學建築系，畢業後短暫的台北大型建築師事務所經驗讓他覺得無法適應，遂前往美國耶魯大學攻讀建築碩士，獲得一九九一年度畢業院長獎等獎項，並代表美國前往威尼斯雙年展。畢業之後黃聲遠前往指導教授 Eric O. Moss 位於洛杉磯的建築事務所工作，與優秀國際團隊合作，同時參與許多重要建案。一九九四年回台之後，經由當時於宜蘭縣建設局工作的大學好友陳登欽的引介，參與宜蘭縣都市計畫團隊的思考與討論，自此與宜蘭結緣，此後生根宜蘭，在這片開闊而先進的土地上，孕育出一個個形狀奇特、飽含理想與自由哲學的公共建築，也在這片土地上培育出許多年輕建築師，幫助他們相信自己的理想，鼓勵他們前進。更在這裡結識同為理想奮鬥的妻子，兩人攜手在宜蘭築夢踏實，並且育有一對可愛的女兒。

黃聲遠現為田中央聯合建築師事務所／田中央建築學校（以下簡稱田中央）主持人，深耕宜蘭二十年來，除了雲門新家之外的作品都在宜蘭，並且以公共建築為主。作品得到台灣建築界的肯定，獲獎無數，團隊連續獲台灣建築獎、遠東建築獎等重要獎項，並參加威尼斯建築雙年展、亞洲藝術雙年展等國際建築藝術展。不只作品得到肯定，黃聲遠從土地出發，關懷社會責任的態度也得到許多獎項肯定，於二〇〇四獲選《天下雜誌》五年評選一次之「二十一位新世代領導者」，其作品追求創新與自由的開放性，在《華爾街日報》中

1 黃聲遠建築師事務所創辦於一九九四年，於二〇一二年改制更名為田中央聯合建築師事務所，由於創辦人與管理哲學相同，因此本文中統一使用「田中央聯合建築師事務所」，簡稱「田中央」。

文版二〇一三年創新人物獎的報導中稱他為「上山下鄉的叛逆建築師」，認為其所創辦的田中央與他的建築理念是人生道路的創新，描述他轉變傳統建築師的定位：「他在宜蘭的實踐，重新定義了在當前的社會和文化環境下建築和建築師的角色，把這門職業從被動地服從和服務於業主，變為主動成為人與自然之間的信使。」（王輝，2013）除了作品上的創新之外，其所創辦之田中央事務所也以獨特的經營與傳承方式聞名，該報導中稱田中央是建築師到台灣都一定要參觀的地方（王輝，2013），顯見其重要性與創新性。

在傳承關係上，黃聲遠前往多所大學任教，且其所創立之田中央聯合建築師事務所又名田中央建築學校，透過工作進行知識的傳遞與生命的啟發。一直對教育保有熱情的黃聲遠至今仍擔任中原大學建築系、東海大學研究所、宜蘭大學研究所等校系之兼任教授，以及成功大學的駐校建築師和政大第十五屆駐校藝術家，致力於啟發年輕的生命、培育新生代建築師。

田中央工作群與黃聲遠建築師於二〇一五年應邀前往日本頂尖建築藝廊「間美術館」展出，是間美術館三十年來第一次邀請的台灣建築師，宜蘭深蹲二十年，蹲出了生活，蹲出了建築，更蹲出了國際影響力，讓田中央與國際頂尖建築師並列。間美術館的展覽開啟田中央工作群與黃聲遠建築師的國際巡迴展第一站，第二站於二〇一六年夏日開始在台北展出，接著將前往歐洲繼續展覽（熊毅晰，2015；文創 LIFE，2016）。

資料的選擇、取得與整理

本書選擇案例之標準，必須在實務上能彰顯社會創新與師徒傳承的概念，選擇的條件有三：首先，案例必須符合社會創新的要件，亦即案例所進行與完成的事項，為具有社會性目的之社會任務（social mission），以創造長期且持續性的社會影響為目標；其次，案例所使用之方法或策略，必須是創新的，設法尋找或創造資源，來解決所關心之社會問題，我們稱之為社會創業家；第三，案例必須擁有實質上的師徒傳承關係，包括傳授給他的師傳（們）以及承接其理念與任務的徒弟（們）。

賴青松和黃聲遠的作為，皆擁有深遠的社會影響力，其創辦的穀東俱樂部與田中央，皆以創新的手法匯集資源，以完成其社會任務，同時有實際進行的師徒傳承關係。因此本書選擇賴青松與黃聲遠做為案例分析對象，第二、三篇將呈現案例分析的內容。表三和表四羅列出賴青松和黃聲遠的社會影響力，黃聲遠與田中央建築作品整理表則請見附錄表一。

本書前兩章藉由搜集與分析理論文獻，梳理社會創新與師徒傳承的相關重要概念，以及目前理論文獻的重要論點與研究成果；然後搜集與分析案例資料，以了解兩個案例的社會創新特色、師徒關係內涵及關係的建立與維持，以及師徒傳承如何提供他們從事社會創新所需的支持與引導。本書的案例資料有三個來源，包括人員深度訪談、參與觀察與次級

表三　賴青松社會影響力展示表

賴青松社會影響力	
Google 搜尋	
搜尋結果	約 26,400 筆 （搜尋時間 2016.09.18）
著作	
著有《走過阪神大地震——災後重建一千個日子》、《台灣總督明石元二郎傳奇》、《從廚房看天下：日本女性「生活者運動」30 年傳奇》、《青松 e 種田筆記：穀東俱樂部》等書 譯有《台灣論》、《中美日新三國志》、《後李登輝時代風雲》等書 演講與訪問：2011 年於 TEDxTaipei 演講「賴青松：家鄉的旅程」等，接受許多電視和電台訪問	
專欄作家	
現任奇摩新聞 Y!OUNG 觀點專欄作家	
業界影響力	
農委會新農業運動「漂鳥計畫」代言人	
2015 年 10 月	日本九州宮崎縣 台灣塾第七次大會台灣代表講者（由公視「獨立特派員」同步拍攝記錄）
2015 年 12 月 5 日	「東亞慢島生活圈小論壇」主辦人
穀東俱樂部影響力	
深耕十年累積參與穀東人次	約 1,600 人
2014 年電影《看見台灣》中以賴青松和穀東俱樂部為「愛護土地」的個案	上映日：2013 年 11 月 1 日 上映全台 56 家戲院 2 億票房，為 2013 年前十大票房電影（黃亞琪，2013；沈婉玉，2014）
關聯組織	倆佰甲、小間書菜、宜蘭小田田、有田有米

表四　黃聲遠社會影響力展示表

黃聲遠社會影響力	
Google 搜尋	
搜尋結果	約 51,300 筆 （搜尋時間 2016.09.18）
建築作品（細目表列於案例介紹）	
丟丟噹森林、羅東文化工場、宜蘭河畔舊城生活廊帶、雲門新家等多項代表性建築，並於 2000 年受邀設計國慶創意牌樓	
業界影響力	
個人獎項 （細目表列於案例介紹）	2004 年《天下雜誌》五年評選一次之「21 位新世代領導者」之一 2012 第三屆中國建築傳媒大獎 《華爾街日報》中文版 2013 年「創新人物獎」建築類獎
作品獎項 （細目表列於案例介紹）	獲得五次遠東建築獎、七次台灣建築獎、三次綠建築設計獎等重要獎項（統計至 2014 年 6 月） 2006 年代表台灣參加威尼斯建築雙年展 2011 年參加成都雙年展
演講與訪問：2011 年於 TEDxTaipei 演講「黃聲遠：田中央的建築哲學」等，接受許多電視、電台和平面媒體的訪問	
田中央聯合建築師事務所影響力	
以田中央為主題的展覽	2013 年「田中央 · 工作中」台北信義
關聯組織	三星張宅、咖啡廳、園藝公司等，曾在田中央工作過的建築師們發展的其他興趣

文獻資料搜集。

首先，透過深度訪談的方式，作者赴宜蘭訪談案例相關對象，以獲得第一手資料。本書訪談賴青松和徒弟宜蘭小田田團隊，黃聲遠和由他推薦的徒弟洪于翔，以及透過報章和專家推薦得知與黃聲遠結識於國中時期的徒弟劉黃謝堯。作者於二〇一三年六月到八月和二〇一四年六月前往案例工作地點進行訪談，由於案例的工作地點與生活地點幾近重疊，這樣的受訪場所可以讓受訪者較為放鬆，也讓作者更容易進入其工作與生活的情境脈絡。表五整理出案例訪談一覽表。

除了訪談外，為了更深入了解案例訪談對象所在情境以及其社會影響力，作者也參與案例的相關活動，包含穀東俱樂部的相關活動、看見台灣深溝村公益電影放

表五　案例訪談一覽表

受訪對象	工作組織	受訪時間	訪查場域
賴青松	穀東俱樂部	2013.06.17 2013.07.02 2014.06.04	賴青松住家 穀東俱樂部田地 宜蘭小田田農舍位置 小間書菜
宜蘭小田田團隊	宜蘭小田田	2013.06.28	宜蘭小田田農舍 宜蘭小田田田地 深溝村三官宮
黃聲遠	田中央聯合建築師事務所	2013.07.23	田中央事務所 田中央宿舍
洪于翔	田中央聯合建築師事務所	2013.07.23	田中央事務所
劉黃謝堯	田中央聯合建築師事務所	2013.08.03	田中央事務所

映會、以田中央工作群為主題的展覽和演講等活動，前進不同的田野進行參與觀察。表六說明參與觀察的範圍包含哪些活動與時間。

透過參與上述活動，更了解兩個案例的經營方式與理念想法，並將現場觀察與參與者感受記錄為文字檔案，再透過參與活動的過程中蒐集案例影音與次級文件，增加內容的完整性與檢驗資料的正確性。參與上述活動過程中，主要是透過照片與文字進行記錄，僅於黃聲遠「田中央・轉變中：水路之間」的演講間進行錄音記錄。

表六　參與觀察統計表

活動名稱	主辦單位	相關受訪者	活動時間與地點
2013 穀東收穫聚	穀東俱樂部	賴青松 宜蘭小田田	2013.07.21 賴青松住家
田中央・工作中 （建築展）	策展人： 王增榮、王俊雄	黃聲遠 田中央	2013.07.27 移動美術館
田中央・轉變中：水路之間 黃聲遠、阮慶岳、吳瑪悧對談（演講）	策展人： 王增榮、王俊雄	黃聲遠 田中央	2013.07.27 移動美術館
《看見台灣》感恩巡迴公益放映會	台達電子文教基金會	賴青松 吳佳玲	2014.03.21 深溝村三官宮
東亞慢島生活圈小論壇	宜蘭縣政府	賴青松	2015.12.5 宜蘭大學
2016 穀東插秧聚	穀東俱樂部	賴青松	2016.03.19 賴青松住家
「Living in Place 活出場所」 國際巡迴展	田中央工作群、 學學文創志業	黃聲遠 田中央	2016.08.14 學學原色空間

附錄表一　黃聲遠與田中央設計群建築作品年表

時間	作品
1994-1995 年	礁溪桂竹林籃球場
1995-1996 年	礁溪桂竹林祖厝副公廳
1994-1996 年	礁溪桂竹林養雞場
1994-1997 年	礁溪林宅
1995-1999 年	礁溪竹林養護院
1997-1999 年	三星展演場（蔥蒜棚）
1998-2000 年	三星張宅
1997-2000 年	員山忠烈祠
2000 年	國慶創意牌樓
1997-2000 年	宜蘭大洲教養院
1995-2001 年	宜蘭社福館與西堤屋橋
1995-2002 年	礁溪行政中心再生
1997-2003 年	楊士芳紀念林園
1999-2003 年	傳藝中心 藝師學員宿舍
1994-2004 年	宜蘭河畔舊城生活廊帶
2001-2004 年	冬山河水門橋
2000-2005 年	礁溪生活學習館
1997-2005 年	聖嘉民啟智中心
1998-2005 年	壯圍張宅
2004-2006 年	宜蘭行口
2004-2006 年	宜興路人行空間再生
2001-2007 年	丟丟噹森林
2006-2007 年	宜蘭酒廠再造
2006 年	威尼斯建築雙年展 台灣館
2002-2006 年	宜蘭河河濱綠廊
2000-2007 年	羅東新林場附屬公園（高架跑道）
2007-2008 年	香港・深圳城市建築雙城雙年展

時間	作品
2006-2008 年	石牌金面棧台
2003-2008 年	櫻花陵園入口橋
2005-2008 年	津海棧道
2007-2008 年	宜蘭誠品書店
2006-2009 年	聖嘉民老人養護院
2004-2009 年	冬山河閘門地景公廁
2005-2009 年	樟仔園歷史故事公園
2005-2010 年	櫻花陵園 D 區納骨廊
2000-2010 年	員山機堡戰爭地景博物館
2008-2010 年	丟丟噹高架橋下運動場
2010-2011 年	蘭陽女中大樹廊道再生
2011 年	成都雙年展
2007-2011 年	田中央水田公社（既有房屋改造）
1999-2012 年	羅東文化工場（羅東新林場）
2010-2013 年	新護城河
2010-2013 年	幾米廣場
2013 年	東方的許諾（奧地利展覽）
2013 年	田中央・工作中（台北市展覽）
2013 年	武荖坑石滬
2010-2014 年	宜蘭美術館
2005-2014 年	櫻花陵園入口服務中心
2013-2015 年	大坑抽水站
2014-2015 年	童話公園
2008-2015 年	雲門新家
2015 年	田中央工作群・活出場所（日本東京展覽）
2015 年	《Living in Place》日本專業建築 TOTO 出版社出版田中央首本作品集
2011-2016 年	中山小巨蛋

第二篇

賴青松的師徒個案

第一章　賴青松的尋農之旅

我想　指引人生的
依舊是那條有著阿公背影的　田埂路

——賴青松（2010）

初心：阿公的那條田埂路

賴青松曾經自敘指引他歸農的原因，其實來自他務農的阿公。出生於新竹的賴青松，幼時的生活如同所有在都市長大的孩子一般，依循都市的脈絡而行動。他十二歲那年因為父親經商失敗，舉家搬遷到台中以務農維生的阿公家。都市與鄉村是截然不同的環境與生活節奏，帶給幼小的他極大的震撼（賴青松，2007: 26）。住在阿公家那段時間，他必須參與農事工作，像是剝蔗葉、醃蘿蔔以及照顧耕田的牛等，對十二歲的賴青松而言是一種挑戰。

不過，農田除了是耕種維生的地方，對孩子們而言更是天然的大型遊樂場，賴青松與其他孩子們在田邊盡情嬉戲，餓了就吃阿公家前後果樹上的果實，隨著季節變化的果樹，六月有荔枝、七月有龍眼，每月都有不同的水果，在豐富的自然環境中度過快樂的童年（賴青松，2007）。賴青松一家在他念國二的時候，再度遷居到台北。但是在台中鄉間短短一年的時光，卻在他心裡留下難以抹滅的刻痕，他曾經用許多文句，描述這一年經驗帶給他的快樂：

「雖然田裡頭有幹不完的活，但也有孩子們享不盡的樂趣。」（賴青松，2007: 28）

「所有家庭成員共同參與生活勞動的鄉村文化，卻也讓我們的童年生活，增添了難以比擬的快樂。」（賴青松，2007: 26-27）

深刻的農村童年生活成為賴青松追尋幸福生活的指引，也成為他選擇返鄉歸農，做為他人生職涯抉擇的心靈呼召，賴青松在書中寫到：

「有時難免覺得，或許那種蹲在田邊，和著汗水、雨水和淚水的滋味，才是自己一路追尋的幸福也說不定。」（賴青松，2007: 27）

碰撞：環境關懷vs.養家餬口

賴青松畢業於成功大學環境工程學系，在大學時他就對環境議題很有興趣，但當時的教育方針著重在環境「工程」的技術知識，缺少對於環境的「關懷」。關心環境議題的賴青松，仍然不斷探索能夠解決環境問題的方法與途徑，當正規課程無法提供解答時，他便透過參加反五輕、反核四等抗爭性的環保運動來嘗試尋找答案。參與了許多環境保護運動之後，他領悟到環境保護需要完整而全面的思維，如果單單只是以包圍製造污染的工廠、街頭抗爭等形式抗議，只能夠短暫的凸顯相關議題的重要性與創造衝擊力，卻無法產生長期性、持續性的影響，也無法實質上的解決問題。這樣的領悟讓他想更深入探索環境保護的相關知識，而他也希望可以從事支持自己理想的相關工作。

自從十二歲那年父親經商失敗後，賴青松家就彷彿被「掙錢」的壓力籠罩，困窘的經濟狀況讓賴青松的雙親一直努力為金錢奔走，也種下賴家重視經濟能力的價值觀（黃惠如，2008）。因此尋找一個既可以關心環境議題，又足以維生的工作，成為賴青松追尋的重大議題，於是他的生命開始不斷的碰撞與累積。

大學畢業後，賴青松陸續從事許多不同工作，他在非營利組織工作過，也曾經在森林小學裡當過活動輔導員，在森林小學時是他人生第一次當老師，但是這個經驗讓他有些挫折，他覺得自己的理念是對的，但是能力不足，所以感到壓力很大。後來他也曾在台灣生態研究中心跟隨陳玉峰老師做社會調查，跟著陳老師做社會研究的日子讓他印象深刻，他提到自己曾經做過台中消費型文化的研究，用大概一年的時間騎摩托車到處訪查。

賴青松認為他透過這些經驗，累積更多對台灣土地的認識，而田野實地訪查的習慣也一路跟著他，成為他日後學習的重要方式。那時賴青松協助陳老師翻譯一些尚未被譯為中文的日文資料，他提到日本殖民時期對台灣現代化的發展有深遠的影響，但是許多重要的資料，都還封存在日文裡不為人知。賴青松對日本的好奇，以及從歷史脈絡關懷台灣的方式，便是從這個經驗開始展露端倪。他自述去日本念書，是為了了解自己失落的身世。

除了非營利組織的工作之外，賴青松也嘗試過能夠「賺錢」的商業類工作。在新加坡做生意的父親，曾安排他去那裡工作，這個經驗讓賴青松了解到自己不適合做生意（黃惠如，2008），但是新加坡的造訪也帶給他一個新的機會，就是讓他認識後來影響他甚鉅的「生活俱樂部」。

賴青松透過自己二妹的介紹，認識當時「神奈川生活俱樂部」派駐新加坡的兼職留學生——石井先生，石井先生向他介紹生活俱樂部是什麼。生活俱樂部是一個合作社組織，由一群關心食品的消費者組成，他們結合這個消費力量到農村，與生產者訂定生產契約，改變目前大量使用農藥或化學肥料的生產方式，因而成功的提升消費者最終得到的產品品質。消費者雖然付出較高的價格，但是得到較高品質的產品；農民有穩定的收入來源，但是必須付出更多的勞力。在農民、消費者們中間，需要搭建一個對話的途徑，或者一個能夠促進對話的人；而這三方（農民、消費者與對話途徑）具備之後，這個結構才可以穩定的成長（賴青松，2002）。

賴青松提到這個概念非常興奮，認為這是個三贏的概念！而且這個概念正是賴青松一直在尋找的，能夠長期的、實質的幫助環境的「解決方案」。

「沒想到世界上竟然有這麼有意思的組織，既能夠營利為生，又能夠推廣各種環境保護的運動，這豈不是太理想了嗎？」（賴青松，2002: 19）

石井先生跟賴青松建議，可以連絡與日本生活俱樂部有交流關係的「台灣主婦聯盟」來了解更多相關資訊（賴青松，2002）。因此後來賴青松便進入既可關心環境議題，又能夠賺錢養家的主婦聯盟裡工作（黃惠如，2008）。進入主婦聯盟共同購買中心工作之後，賴青松又成功爭取到赴日研究日本生產合作社的機會，希望了解這個能夠與環境共生的獲利模式之實際運作方法。在日本研修時，賴青松跑遍日本許多實務場域，他描述當時的研修生活非常充實，花很多的時間在機構裡面、田野裡面觀察學習，把日本這方面的概念搞懂。共同購買的概念影響賴青松很深，他認為這是一個可以實際解決環境與人之間問題的解決方案。

回到主婦聯盟之後，賴青松希望建立共同購買的機制，他在「綠主張共同購買中心」工作時，除了負責跟生產端拿貨、送貨，也不斷思考怎麼促進生產者與消費者之間的連結，如何與消費者溝通，並藉此留住消費者，他認為共同購買中心就是要站上那個「溝通平台」的位置，他描述他那時候的心境：

「那時候我就是想，到底要怎麼樣才能夠讓這些共同購買、主婦聯盟的消費者、社員，真正知道農產品的生產過程，他才不會一遇到外面市場菜價低的時候就嫌東嫌西說人家的價格是怎樣怎樣……這些消費者其實並不了解他採購或是他關心的這些品項到底是怎麼一回事，因此我想說最好是要讓他們理解，並且有興趣。」

因此賴青松找到產地的生產者，在主婦聯盟裡面開起「家庭園藝班」、「豆腐班」等社團。此外，他首創發送「通訊」給社員，將產地的故事傳達給消費者，會有這些想法，其實都來自他跟生產者和消費者真實互動之後，出自內心的真誠關懷。他說：「我在產地聽了很多精彩的故事，也看到農民的辛酸，然後當我去送貨的時候，又可以了解消費者的需求與心聲，但是這兩端無法直接對話。」

然而相較於人數較少的生產者，人數多且非特定個體的廣大消費者，很難進行有效溝通，發現這個困境的賴青松認為，當我們無法把這些訊息清楚的傳遞給他們的時候，就無法說服他們去做一些生活上的改變。在共同購買機制中，串起生產與消費兩端對話的中介平台是很重要的角色，而在共同購買中心實際接觸生產者與消費者的賴青松，正是透過各式方法不斷努力扮演中間人角色，串起兩端的對話。

雖然共同購買中心的工作是賴青松的熱情所在，但是繁重的工作、組織的政治情況以及自己個性上求好心切帶來的壓力，讓他在一次生死一瞬間的車禍之後，徹底的想離開組織內的工作型態。賴青松此時已經做到共同購買中心副總經理的職位，但是最後仍然選擇離開主婦聯盟。

困境：我的心三十歲就退休了

二〇〇〇年回到宜蘭的時候，賴青松三十一歲，搬到宜蘭的初衷是為了女兒，並不是為了歸農耕田，農耕並不在當時的計畫內。賴青松說：「想離開都市是為了給我兩歲的女兒一個『故鄉』，都市的一切都在變動，在都市成長的孩子心裡是沒有故鄉的，而我想為她留下些什麼。」

一開始賴青松一邊從事日文翻譯的工作，一邊抱著嘗試的心態種植果菜，後來他的岳父租給他兩分水田，讓他可以嘗試耕種水稻。經歷過做生意以及不同型態的非營利組織工作，賴青松了解到自己既不適合都市、也不適合打組織戰，而他無意間開始的「半農半

X」生活，卻讓他在尋尋覓覓之後找到最適合自己的生活方式。所謂的「半農半X」，就是「一方面親手栽種稻米、蔬菜等農作物，以獲取安全的糧食；另一方面從事能夠發揮天賦特長的工作，換得固定的收入，並且建立個人和社會的連結」（鹽見直紀，2006）。他說：「我其實沒有特別在想這件事情，只是發現一半體力勞動、一半腦力勞動的生活最適合我，我想這甚至是最適合大部分人的生活方式。」

在一番波折的尋尋覓覓之後，賴青松總算在無心栽柳的情況下，找到自己最理想的生存方式。這份欣喜很快的遇到現實的襲擊，由於農耕本身需要成本，舉凡租田地、買器材、施肥等等的投資，而稻米收成後也需要販售出去的行銷管道，當時賴青松正面臨種出了產品也找不到管道販售的問題。種田需要成本，而種出來的東西不一定能夠賣錢，有時候還要去送貨，因此賴青松必須使用翻譯的薪水來支持這個理想的生活狀態。這個貌似可以解決「理想 vs. 維生」困境的生活方式，卻無法達成實質上的經濟平衡，賴青松發現，看似理想的生活狀態，其實也有它的困境。而賴青松面對的成本與銷售困境，正是小農耕作普遍必須面對的問題。

賴青松在離開主婦聯盟時，已經是退休的心態。雖然才三十歲，但是他真的是什麼都不想追求。然而「半農半X」的耕讀生活讓賴青松重新燃起對生命的盼望，他形容當時的心境是：「那時候覺得這樣好像就是全部了。不過，拿起鋤頭，我的心好像又活了一半！」

可是好不容易找到了最理想的生活方式，卻無法靠此而活，於是心灰意冷的賴青松考慮出國，換個環境。一開始的想法是想去農業發達的英語系國家念書，後來他接受一個在日本念書的學長的推薦，去日本念環境法。當時這位學長鼓勵他：路不是只有一條，路都是人走出來的，因此建議他可以換法律的角度看自己關注的議題。於是賴青松前往日本，攻讀環境法碩士。在日本念了環境法之後，賴青松開啟新的視野，發現另一個貼近環境的角度，同時也更了解自己。賴青松很肯定自己的這段留學經歷，不過他認為自己的性格是比較開創性的，不適合守成。因此雖然環境法很好，但是他認為法律這條路也不適合自己。

原點：我還是想做農夫

在日本的學業將近尾聲時，賴青松再一次思考未來的道路。他的老師鼓勵他繼續攻讀博士，但是自己的內心卻始終無法忘懷之前在宜蘭耕讀的理想生活。正當猶豫之時，吃過之前他耕讀生活時嘗試種植的稻米的使用者們，紛紛來信詢問下一年的稻米，甚至有些小朋友出現拒絕吃其他米的反應！這些迴響給賴青松很大的激勵，成為他再一次回歸田園的支持與驅動力。另一個讓他下定決心回鄉務農的關鍵來自妻子朱美虹的支持（諶淑婷、黃世澤，2013），她支持賴青松做自己喜歡的事，她認為這樣才能長長久久，在賴青松的著作和部落格文字中，時常可以看到這句話語，儼然成為賴青松耕種生活中很重要的支持與自我反饋。

於是在繼續攻讀博士、走法律道路、走政治道路、找工作等各式各樣的選擇裡面，耕種務農的生活方式再次擄獲他的心。想要回鄉務農，賴青松必須再次面對兩年前讓他苦惱的問題，還是必須找到把農產品賣出去的方法。而第一批青松米的迴響，成為他重要的定心丸，他發現這還是有需求、有價值的。於是賴青松開始努力的尋找解套方法，要多大面積、要怎麼把這件事變成工作，穀東俱樂部的雛形就此慢慢誕生出來。

第二章　把理想當飯吃：穀東俱樂部

雛形：我們來發「穀票」吧！

決心以務農為業之後，賴青松開始尋找以此維生的方法。由於他曾經任職於主婦聯盟，認識不少第一代有機農夫，跟他們頗有交情，這些人成為他請教的對象。其中最重要的一位農夫是何金富，他對賴青松而言，扮演著亦師亦父的角色，也是賴青松返鄉歸農的重要推手。賴青松回憶道：「那時他有點擔心這個年輕人（指賴青松）的出路，另一方面他也關心農業，但是卻找不到切入點。」

因此當賴青松決定回到宜蘭種田之後，何金富就全力幫助他。「穀東俱樂部」的構想與雛形，是賴青松與何金富討論激盪出來的成果。由於日本「生活俱樂部」對賴青松的影響很深，讓他從中學到「共同購買」的概念，因此當初在命名的時候便沿用了「俱樂部」的名稱。除了命名的相似性外，穀東俱樂部在概念上也仿效生活俱樂部，同樣是由一群特定的消費者向特定的生產者購買產品，只是穀東俱樂部的溝通平台，由賴青松自己來擔任。

賴青松回憶當時討論的情境，一開始何金富提議發「糧票」，賴青松則說，那麼不如我們發「穀票」吧！兩人都同意要發「穀票」，自然人人都變成「穀東」了，「穀東」兩字就這樣在討論中激盪而出，加上生活俱樂部的概念，「穀東俱樂部」因而誕生。

穀東俱樂部能夠實際運行，也是來自何金富的推動，他提議要先找人來買米，讓賴青松能夠種米。這在當時是很有勇氣與突破性的想法，因為當時（二〇〇四年）「預購」的概念在台灣並未普及，消費者對於要掏錢購買沒有實際看到、摸到的產品，是很難接受的概念。根據賴青松在主婦聯盟的工作經驗，主婦聯盟一開始推出共同購買機制時，也有類似的困難。這個困難也成為何金富幫助賴青松的施力點：穀東俱樂部的第一批穀東，全部都是由何金富帶來的，他運用自己在這個產業中累積的人脈資源與業務能力，每次有演講機會時，在公開場合就不斷的推銷穀東俱樂部的米。賴青松說道：「東西看不見、摸不到，我怎麼能相信這筆交易？所以一開始要成交，你只能靠人脈。」

解決了無名小農耕種卻銷售無門的困境，師徒兩人抱著兢兢業業的實驗心情，融合想過農耕生活的碩士農夫、關懷環境的價值、日本生活俱樂部共同購買的精神以及希望吃到有機食材的消費者，組合而成的創新創業旅程就此開始。

運作：穀東俱樂部營運模式

成為穀東

穀東俱樂部的概念是「風險共同分擔」的「委託種植」制，意即由所有的出資者——「穀東」共同分擔耕種的投資與風險，當然也一起享受稻米的收成。務農所需的投資包括生產器械、秧苗、肥料等等，會遭遇的風險則是蟲害、風災等傷害。因此賴青松（2005）他的部落格「青松米——穀東俱樂部」的文章〈加入穀東〉（2006）中寫到：「參與我們的行列，您的身分將由逛市場的『買米人』，變成看天吃飯的『種米人』」（賴青松，2005）。正是因為風險共同分擔的概念，有別於我們一般市場機制中直接購買成品的習慣，所以穀東俱樂部稱呼他們的產品是「自己種的米」，在這塊田地上收成的稻米是屬於所有穀東的，儘管穀東們沒有實際在田邊耕種，卻一起扎實的承擔在這土地上腳踏實地的辛苦。賴青松（2005）描述穀東俱樂部風險共同分擔的樣貌：「成為一個『委託種植』的穀東，也就意味著您成為這個集體農場的場主之一。」

穀東繳交的金錢將全數用於農場的經營，舉凡租地、除草、倉儲、運送以及田間管理員的薪資，全部都由該年度的穀東們共同分擔。如同之前所提到的生活俱樂部，其所設計的共同購買結構，可以保證消費者購買到品質優良，產地與耕種方式都得到消費者認同的農產品。以此類推，穀東俱樂部的穀東們，也一起分攤天災或歉收時的風險與耗損。賴青松以「委託種植」中關鍵的三個概念來解釋：

預約訂購：是消費者的支持；

計畫生產：是生產者的承諾；

風險分攤：是生產者與消費者的共識。

「委託種植」制就是以上三個關鍵概念結合而成的。當生產之後若有多餘的產出，那麼必須攤還給消費者，因為他們以預購的方式支持生產者，讓生產者沒有後顧之憂的善待土地；同樣的，減產時也由大家一起分攤損失。

穀東俱樂部來自於何金富的鼓勵，但是賴青松認為穀東俱樂部其實也來自於他的生命困境。在他過去的生命經驗中，反覆追尋能夠關心環境議題，又能夠謀生的工作的困境。賴青松一直以來的人生，不斷的在尋覓打破這個困局的解答，直到和何金富一起構思出穀東俱樂部的雛形。穀東俱樂部風險共同分擔的商業模式，確實解決了小農耕作難以解決的風險與銷售的困境，也突破了賴青松自己一直在尋找的「理想是否也可以當飯吃」的困境。那麼它究竟是如何運作的呢？以下先介紹穀東俱樂部的基本資訊。

穀東俱樂部的耕種地點在宜蘭縣員山鄉的深溝村，選用的稻種是台灣在地的台中秈稻十號，依照宜蘭當地的古法一年一作耕種。以二〇〇六年穀東招募的條件為例，一個「穀分」是三十台斤，以一台斤六十五元的價格認購[2]，並且每戶以三百六十台斤為認購穀份的上限，但由於是風險共同分擔，因此最後將依照實際產量，按照比例調節穀東們手上「穀票」兌換值。

每位穀東在加入之初，需繳交五百元土地分攤押金，這是為了取得農地的長期使用權，土地分攤押金將在穀東退出生產年度之初無息償還（賴青松，2005）。在年度穀東招募文中，賴青松也詳細的書寫了當年產值超過目標值時，穀東、田間管理員以及農場設備添購公積金的比例。為了達到「自己種的米」的品質，種植稻米的田間管理原則都要透過每年的穀東大會取得穀東認可方能執行。以二〇〇五年通過的田間管理原則為例，穀東可以得到的保證是：

1. 以自然農法（或稱有機栽培、生態農法）為長期的努力目標。
2. 全年度決不施用任何化學性農藥（含除草劑、殺蟲劑、殺菌劑）。
3. 在必要且不得已的情況下，選擇性補充性地施用少量化學肥料（如蟲害時施用的液體微量元素等）。
4. 所有生產過程一切公開透明。
5. 現場作業全權委託田間管理員及技術顧問裁量，如有爭議透過事後穀東會討論。[3]

2 隨著米價上漲，二〇一三年十一月公布的二〇一四年穀東招募書中已漲為每台斤八十元（賴青松，2013）。

3 引自賴青松，2005，〈加入穀東（2006版）〉。

一台斤六十五元的「自己種的米」[4]，相較於當時市售有機米大約五十元上下的價格，高出將近三成的錢，賴青松（2007）在其著作中特別以〈這麼貴的米！〉一文說明這樣的現象，他點出目前的稻米產業需要三、五十甲的規模經濟，在自己投身進入生產端之後才知道種稻需要鉅額投資，因此有機米的產銷班，若不是年年有政府補助，是很難達到獲利的。以「外來人」角色踏進這個產業的賴青松是沒有後援的，他擁有的只是返鄉歸農的夢想，以及做消費者與生產者之間對話橋樑的初衷，因此一台斤的自然栽培稻米售價六十五元，是真實反映出消費者想自己種米的成本（賴青松，2007）。

穀東們之所以願意支付這麼高的價格，是因為他們購買的不只是「米」，也是以購買來支持小農耕作、自然農耕、農地農用等理想的價值（value），以及穀東俱樂部提供的社群和一個「屬於自己的田」的想望。賴青松表示，他的穀東們很多都是支持理念而購買的富裕都市人，他們中間甚至有人從來不開伙，只是買米來送人；穀東中也有想買好的食材給孩子們吃的媽媽，甚至有許多穀東加入的原因是希望讓孩子有機會體驗鄉下生活。成為穀東的原因各有不同，但是他們都支持「自己種的米」和其延伸的概念。賴青松認為，穀東們願意出高價種自己的米是因為：

「原來有樣東西，在市場上是可遇而不可求的，那就是『誠實』，因為穀東們是一起出錢去種他們『自己種的米』。」（賴青松，2007: 183）

田間管理員

做為穀東俱樂部唯一的「田間管理員」，賴青松承擔眾穀東的「委託」，實際執行「種植」的工作，命名為田間管理員，是因為他認為自己是替眾穀東管理田地的「管理員」。田間的工作舉凡插秧、除草、割稻、倉儲、配送、行銷都由賴青松一手包辦，而穀東們的支持讓他實現了一直想要歸田從農的夢想。

身為田間管理員，賴青松的意見左右著穀東俱樂部的發展，像是在草創初期有穀東提議來創設「協會」，讓俱樂部的組織形態更簡單一點，未來也可以把穀東俱樂部做更多的變化與擴大。因為大部分的人沒有資本，因此利益會集中在少數出得起資本的人手上。賴青松擔心這些少數人未來可以「帶槍投靠」，將穀東們的利益轉移到其他地方。這件事情在第一次穀東大會上，部分具有協會運作經驗的穀東們將這個提議否決掉了，賴青松說：「搞成協會就會要開始選理事，理事選完之後，歹勢，你就會整碗給人家捧走了。」

另外一個重要的決定就是，賴青松不願意這個耕種方式擴大為一個大型商業組織。當穀東俱樂部開始創立時，大部分的穀東是四十到六十歲擁有豐富工作經驗的人，當他們看到環保可以用這種方式操作的時候大為振奮。許多人夢想著可以把這個架構「搞大」，未

4 隨著米價上漲，二〇一五年十一月公布的二〇一六年穀東招募書中已漲為每台斤八十元（賴青松，2015）。

來有一天可以成為一個「品牌」、有自己的店面或專櫃等等的想法。賴青松回憶第一次穀東大會的熱烈情況：「第一次穀東大會就有人捐錢了，要幫忙我們買東西，買包裝機啊什麼的，捐東捐西的，什麼都有人要捐，氣氛很好咧！大家就是希望把它搞起來。」

賴青松說當時很多穀東看中這是一件有商機的事業，因此希望他可以把這個事業「衝大」，但是賴青松的想法，是不要變成一個商業（business），因為他認為種田是「生計」而不是「生意」。因此賴青松一開始就把穀東俱樂部的性質定調在平實穩健的小而美狀態，而非追求利潤與擴充規模的商業組織。為了達到這個目的，賴青松設定穀東訂購的上限，避免「大穀東」出現，除了保護讓穀東俱樂部不至於成為一個商業組織之外，還有另外兩個考量：掌控品質與直接跟食米者對話。

「對那些有業務能力的人來說，要『賣』是很簡單的事情，但是我就是不要讓別人隔一手賣出去，因為這樣的話我不能掌控品質，這是第一個。第二個是我要吃我的飯的人直接聽到我的話，我不要人家為我代言。其實還是蠻社會運動的思維。」

俱樂部草創初期，賴青松著實花了一些心力在維持穀東俱樂部的調性，在商業與規模、品質與使命上他自有堅持，目前穀東俱樂部的客群皆為零星的自用戶，自二〇〇六年到二〇一六年穀東招募書中都以三百六十台斤為認購穀份的上限。他回憶道：「因為我是田間管理人，所以我的意見是蠻有分量的。我當時大概花了三年的時間才讓這些大穀東死心。」

賴青松（2007）在書中也用〈想望老家〉這篇文章來表明自己不願意擴大規模、增加獲益的心情，他提及自己的初衷是「返鄉務農的夢想：『實現你我心中的那畝田』、『回轉夢中故鄉介大禾埕』」（賴青松，2007: 145）。賴青松種田只是為了一圓自己的歸農夢，「其實我只想好好做田，種出值得等待的幸福滋味」（賴青松，2007: 142）。他只是單純的想提供自然的好食物，並且也為自己築一條回家的路罷了（賴青松，2007）。堅持不把生意「做大」的賴青松也明白，做零星散戶的生意是比較複雜而辛苦的，這麼選擇的原因是他

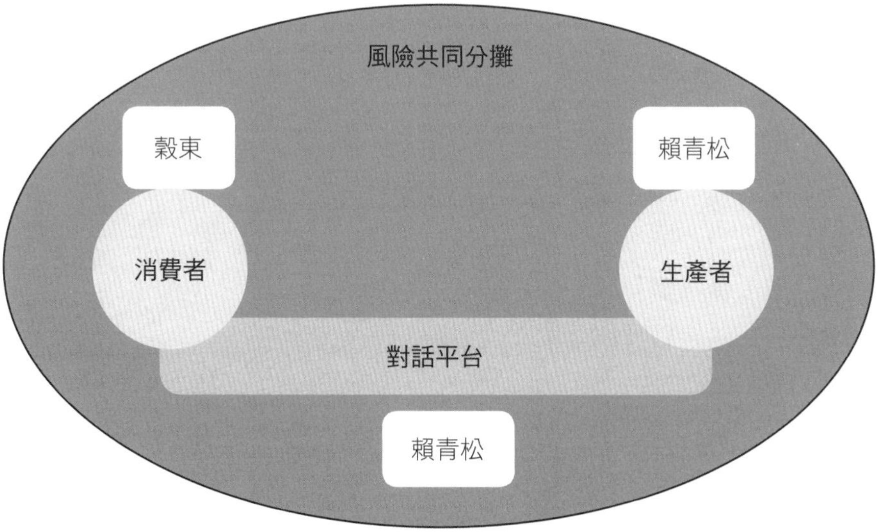

圖三　穀東俱樂部模式概念圖

想要的不只是達成做自己想做的事而已，他也在建構自己更大的影響力，他說：「小戶成本比較高、作業上也比較麻煩，但是可以接觸比較多人是事實，而且是直接接觸。」

這些想法並非來自他一開始就設計好的藍圖，而是在經營穀東俱樂部的過程中，逐步發現的收穫。在穀東俱樂部經營了兩三年後，賴青松發現，擔任田間管理人的工作，正是幫助他達到既可以放心當農夫、又能夠當溝通平台的管道。他表示：「我發現這個東西確實幫助我穩定了生計，也幫助我得到我要的社會發言的機會，其實對我來說，我要的就是這個而已啊！」

行銷宣傳

儘管穀東俱樂部的型態為賴青松沒有通路的小農耕作方式找到了一條出路，而它也不是一個生意（business），穀東俱樂部在每年年末仍然有招募穀東的壓力，因此穀東俱樂部發展出獨特的行銷方式：含有田間消息與文學性的「米報」、可以隨時收到田間第一手消息的部落格，還有由眾穀東們以及田間管理員一起「種」出的三個節日。

賴青松發展出這些獨特行銷方式的信念是：「你一定要有交流，沒有交流這些人是留不住的。」因此從穀東俱樂部第一次寄送稻米開始，賴青松就隨著每月寄送稻米時，寄送圖文並茂的「米報」，他說：「要讓人家至少看到田裡面的狀況。」其他時間則透過 email 寄送田間的訊息，慢慢的在穀東俱樂部成立兩年後，開始有了「青松米——穀東俱樂部」

部落格。

在寬闊田間工作的農夫看似與世無爭，其實賴青松心裡還是有「競爭者」概念的，他說：「稻米好吃是一回事，但是好吃的東西多的是，而且現在人也越來越不煮飯了。」因為了解稻米這個產品的本質，以及現代社會變遷的飲食習慣和替代品眾多的情勢，賴青松認為要留住穀東的根本是：「你怎麼找到一群同好，可以支持這件事情繼續往前走，產生黏性。」

因此讓穀東們可以彼此互動、激勵他們自主支持，以及產生社群是很重要的。透過交流來留住消費者，也透過交流來讓消費者更深入的了解農村和這個支持環境的想法，這些是賴青松從主婦聯盟時代就發展起來的概念，主婦聯盟時代發送的「通訊」，就是他發送「米報」概念的前身，只是隨著生命經驗的累積，賴青松的內在哲學也越發成熟。部落格可以互相留言的互動形態，比米報和email有更好的互動性與社群感，但是只有這樣離賴青松想創造的「黏性」還遠遠不夠，因為賴青松的目標不只是希望穀東們花錢買米、相互聯繫，更希望穀東願意付出心力到田裡幫忙，因此賴青松致力燃起這個動機：

「我需要創造讓他們接觸農村的機會，因為人很自然的，一定要有感情才會喜歡，喜歡才會願意來幫忙啊！那麼要怎麼讓你喜歡呢？一定要先認識，認識之後才會喜歡，喜歡之後才會愛。」

賴青松發現穀東裡面有許多人希望有機會更深入的認識農村，甚至有些人希望自己將來也可以從事和他一樣的工作，成為農夫。為了讓穀東們更真實的與土地和稻米有所連結，更貼切的感受到這是「自己種的米」，也為了把更多的勞動力帶入田間，賴青松按照田間耕耘的自然時序，舉辦春日的「插秧聚」、夏末的「收穫聚」，以及讓穀東們團聚促進感情的「冬聚」三個節日。

配合插秧期間而在春日舉辦的「插秧聚」，以及配合收割時節的「收穫聚」都是在宜蘭的田地裡舉行。儘管現在的插秧與收割都已經仰賴機器完成，但是每年這個時間，賴青松會在田間留下一個區域，讓穀東們有機會挽起袖子、脫下鞋子，親自走入田間，體驗插秧與收割的樂趣。許多穀東會帶著孩子們一起來參加，在田間大家忙著跟舊朋友打招呼也認識新朋友（賴青松，2007）。

賴青松（2007）的書中有關於「插秧聚」的記錄，來參與插秧聚的穀東們，因為是回到「自己的田」，所以不會特別覺得自己是「客人」，反而多了身為「主人」的主動性與參與感，因此田間管理員也沒有安排行程或是節目，可是早到的人就會先進入廚房開始幫忙、烹煮，午餐過後則由田間管理員報告一年的耕種準備狀態，並且讓平常只能透過米報等方式間接認識的穀東有機會彼此認識、互相分享心情，然後就是大家最期待的一起下田插秧的時間，而後有人自己生起營火、有人提供菜餚，在田裡星空下共進難忘的晚餐。這個機會也讓穀東的孩子們有機會體驗插秧的滋味、柔軟的濕泥土，並見識田裡豐富的自然生態。

賴青松提到許多的穀東與他年齡相仿，都是有孩子的父母，但是因為自己跟孩子生長的世代差距太大，因此很多人都遇到親子間的溝通問題，而穀東俱樂部在無形中為這樣的問題提供了解答。他笑道：「來到這裡之後，孩子們可以看到父母成長的年代、成長的樣貌，讓他們能夠理解他們父母親成長的年代，他們開始可以『溝通』了，這樣就透過土地拉近了兩代的距離。」透過穀東俱樂部、透過土地，搭起世代間的溝通橋樑，這對於一直希望自己耕種的田，可以帶給更多人幸福的賴青松而言，是莫大的鼓舞。

作者曾經於二〇一三年參與七月底的「收穫聚」、二〇一六年參與三月下旬的「插秧聚」，收穫聚與插秧聚的現場，有許多的穀東帶著子女前來參加，除此之外也有許多支持自然農耕的農友參與，另外也有與賴青松合作環境教學的學校學生們，以及賴青松的徒弟宜蘭小田田等等，收穫祭現場是宛如廟會一般熱鬧的景象。時不時可以聽見大人們在教導孩子們使用鐮刀的訣竅，看到許多兒童不純熟卻饒富興味的割著稻。而插秧聚則是不分老少，分批埋頭學習插秧，現場也有不少小農擺攤，如同嘉年華會般熱鬧。

時至二〇一三年，穀東俱樂部已經發展了十年，此時的穀東俱樂部儼然形成一個小農市集的販售平台與資訊平台，許多在地的自然農耕農友，圍著賴青松自宅的院子擺起了小市集，販售不同的新鮮蔬果或是農製品。此外他也請了「微光旅行」的兩位行腳女孩來，她們邊唱邊分享兩人行腳台灣的故事，很多想以在地農產品或台灣在地文化為主題發展新事業的新興創業者們也聚集在此，互相交換名片、分享資訊。可見最初賴青松想得到的「說話的平台」的影響力是真實存在的，除了讓他說自己想說的話之外，這個平台也成為眾人交換資訊的平台了。

不同於「插秧聚」和「收穫聚」，在農閒的冬日進行的「冬聚」，二〇〇四年時是在台北舉辦的，賴青松說最初辦在台北的原因是：「因為我知道有一些人永遠到不了宜蘭，現代人非常忙，時間太少了。」為了增加穀東社群的黏性，也便於進行下一個年度的農事討論，因此將冬聚移到都市的台北，讓更多穀東有機會參與（賴青松，2007）。但是隨著穀東俱樂部的發展與調整，後來冬聚也移回了宜蘭。

儘管是想創造穀東社群的黏性，但是說到穀東們之間彼此的關係如何時，賴青松卻說道：「你說關係都很好，那也未必。因為大多數的人畢竟還都是想法多於行動。」會這麼說是因為在穀東之中，只有三〇%的人真的曾經到訪過這片農地，而另外七〇%的人都是只有想法。而在那三〇%中真正可以下田幫忙的只有一〇%，至於真的想變成農夫的也許只有一%。賴青松一邊敘述著這個數據，一邊開朗的說：「但是我覺得這個很好啊！因為這是一個同心圓啊！永遠有一個開放的入口，當你想到的時候或是厭倦都市的時候，你知道你可以打電話給賴青松。我覺得我目前為止最大的功能，就是開了一條『有跡可循』的路給人，讓他們可以回到土地。」

賴青松不只是為自己創造了一個能夠說話的平台，他也成為一個讓人可以進入農村耕種的管道。關於創立這三個穀東節日的概念，賴青松說道：「我的概念就是『創造屬於自己的節日』，我們的這個節日其實就是種出來的。」傳統上農村有三個大節日：春節、中秋和冬至，隨著經歷這三個節日，人心會明確的感受到一年過去了，這是一種與自然配合的生活節奏，因此賴青松選擇了這三個對農村而言標示著重要節奏的日子，而非現代透過全球化由西方傳來的節日，或是商業化下炒作的日子，像是聖誕節、跨年那些受年輕人歡迎的日子。賴青松也提到：「台灣還有另外一個問題就是，沒有主動創造氣氛的能力。無法讓參加的人感覺到他是有 involve（參與、涉入）在活動中的，這樣就會讓參與的人對於這些活動無感。」

當節日是從國外引渡進來時，自然會有文化架接的疏離感，但是要讓人感受到 involve 其中，除了承接在地文化的時序之外，也需要創辦人的巧思，而穀東俱樂部就是透過會員制專屬的概念，加深參與者的參與感。賴青松說：「穀東聚會讓人 involve 的點就在於，你不是穀東就根本不能來參加。我們沒有主動邀請別人來，這就是為什麼我沒有在網路上放地址的原因。」

種種費心的設計，讓穀東們深刻感受到，這是在種植「自己種的米」的「我們的田」裡舉辦的「屬於我們的節日」。除了三個有代表性的節日活動之外，賴青松也善用農閒的時間四處宣傳。由於宜蘭稻作不同於台灣其他地方，是一年只有一穫的耕種方式，因此賴青松一年中半年的時間待在鄉間農耕，剩下半年的時間他在全台各地四處演講、推銷，他描述自己的生活是：「我現在就是半年為了生計，半年為了理想，那半年你就努力產出，半年努力宣傳。」他甚至成為農委會新農業運動「漂鳥計畫」的代言人。除了推銷穀東俱樂部之外，也四處傳講自然農耕和青年返鄉歸農等理念。近年來更有許多學校與賴青松合作，讓大小孩子們到田間認識環境、水稻、農業等等知識。

為了在耕種技術上有更多的突破與進步，在草創初期賴青松會與何金富一起利用農閒時間，四處拜訪台灣各地使用自然農法種植的農人，請益求教、彼此學習，他回憶道：「最早的時候我是帶著何大哥去，因為我自己的程度不夠，經驗不夠。」而這廣大的人脈則是早年在主婦聯盟時代結識的網絡。在台灣各處行腳拜訪的同時，賴青松也被在各地默默耕耘的同好們激勵，他在書中寫道：「或許藉由這些散布各地的土地守護者，能夠讓更多有心的人得以啟動生命的真正力量！」（賴青松，2007: 262）。這份鼓舞的力量讓賴青松繼續在深溝村堅持下去，並且也讓他開始「穀東土地行旅」的計畫，在農閒的秋季，與穀東們、孩子們一起去旅行，拜訪同在台灣這片土地上耕耘的穀東或小農夥伴（賴青松，2007）。

轉折：從「委託種植」到「預約訂購」

二〇〇四年開辦的穀東俱樂部，隨著賴青松逐漸熟悉農事，耕種面積、稻米產量與田間管理員的收入都逐年增加，但是到了二〇〇八生產年度時，賴青松卻決定縮減耕種面積，並且將每台斤的生產成本調高為一台斤八十元[5]，此一決定將減少可參加的穀東人數以及田間管理員的薪資（賴青松，2007）。在二〇〇九年度，賴青松決定將穀東俱樂部由風險共同分擔的「委託種植」，改為由農夫承擔風險的「預約訂購」制（賴青松，2008；謎淑婷、黃世澤，2013），也就是一般我們比較熟悉的「預購」方式。

賴青松認為這個重大的轉折是來自他本身的個性帶給他的壓力：「我自己的狀況其實是因為遇到了個人壓力的問題，算是個性的問題吧。我的個性比較求好心切，因此當這個模式開始的時候我就有點捉襟見肘了。」因為穀東俱樂部把消費者與生產者之間的界線模糊了，而田間管理員的身分不單單是「農夫」也是一個「平台」，因此當稻作擁有者的穀東想到田間探訪時，田間管理員自然須擔負導覽的工作，這樣的工作內容是賴青松一開始設計穀東俱樂部時的夢想：「這個就是我當初做穀東俱樂部的初衷啊！想要成為一個對話的平台，希望有更多人可以關心農業，但是當有更多的關心的時候，就又會變成一種期待，而期待太多的時候就又變成壓力了。」

儘管賴青松希望成為都市人進入農村的管道，但是由於稻作工作的特性，當種植稻作的時候，這份工作是全日無休的，而當收割之後的農閒時間則是非常的優閒。但穀東們來

5 調整之後田間管理員每個月的收入將降為三萬到三萬五千元，對比賴青松（2006）在部落格上的文章，二〇〇六年度時田間管理員每個月有五萬元的薪資，而同年度的生產成本是每台斤六十五元。

的時候田間管理員就必須招待、導覽，這樣達到做為「平台」的任務，卻會打亂做為「農夫」的工作時程，這就是讓賴青松捉襟見肘的原因。

讓賴青松正視這個壓力的引爆點，是二〇〇七年盛夏的「跭草地獄」（以腳跪地除草）。那一年是賴青松開始耕種三年，仍然是新手農夫的他，轉換了新的田地也增加了耕地面積，由於對新田地的田性尚未了解，又碰到盛夏草木繁生，造成田地中雜草蔓生，他回憶道：「那時候田地的狀況大概有二〇%左右雜草叢生，雜草比水稻還要多！」

種種的狀況都讓賴青松處境困窘。由於穀東俱樂部有不使用化學農藥的承諾，因此必須依靠人力除草。自然農耕需要大量的勞力，穀東俱樂部雖然有百餘名穀東，但是穀東俱樂部一直都有人力無法全年平均分配的困境。當時賴青松很需要人手，可是那一年因為氣候關係，所有的農地都有雜草茂盛的問題，因此雇不到專業除草人來除草，想找穀東幫忙，又遇到沒有人能幫忙的窘境，因此一切都要靠賴青松自己來。二〇〇七年的夏天他都在田裡除草，搶救已經長得零零落落的水稻。在終於除完雜草的那個晚上，賴青松生病了，高燒一個星期，醫生說是肝發炎了。病癒之後，他深刻體認到自己的性格沒有改變，還是一樣求好心切。賴青松的壓力來源正是來自他自己推動的「風險分攤」概念，他說：「我會一直想說，人家每個月付錢給你，完全就是因為支持你的理想，那麼至少要在收成的時候能夠產出相應價錢的米才算對得起人家啊！」

這樣的想法讓賴青松一直給自己要力拼產量的壓力。面對這個新困境，他想到兩個解決方法，一個是組織化，把原本由單一農民承擔的壓力讓更多的農民分擔，勞動力增加之後，可以進行專業分工，把田間勞動與導覽的工作分開；第二個方法則是退一步，把造成壓力的壓力源減輕，讓風險分攤回歸到單純的狀態，預約訂購、計畫生產的預購制，風險由農夫自己扛，但是多了可以說「不」的自主權。明白自己不適合組織生活的賴青松，選擇後者做為新困境的解決方案，他說：「我希望可以把關係再分得輕一點，讓壓力再少一些。」

雖然這看似一種「退步」，但是他本人卻很滿意的說：「基本上我已經逆轉了之前的情況了。」過去他希望可以增加大眾對農業、對環境的關心，用盡力氣卻仍然得不到關注，他笑道：「以前拿著麥克風大聲疾呼，希望有人聽你說話，可是還是不容易，現在你每天只要在家裡坐著就好，就有人過來找你想聽你說話。」

穀東俱樂部曾經創下三百人出席插秧祭的驚人紀錄，賴青松確實透過穀東俱樂部創造了發言的舞台以及對社會的影響力。他形容穀東俱樂部是生產者和消費者，以及都市和農村之間的一座橋樑：「這個橋樑有一個溝通的功能，甚至有讓人憧憬的功能。」對於這個成果，賴青松很滿意，因為穀東俱樂部確實達到他一直希望可以扮演生產者和消費者之間的對話平台的夢想，儘管形式退一步改為「預約訂購」，但賴青松的發言力道與社會影響力卻不受影響，仍然持續的增加。

願景：種一個「故鄉」

問賴青松想給穀東們的是什麼，他馬上回答：「我想給他們的就是米、故鄉，還有一條回鄉的路，我從剛開始的念頭就是這樣。」故鄉是賴青松的夢想，也是他一生的追尋：

「人是無法擁有土地的，土地一直都會在那裡，而人的名字會一直變，土地從來不真的屬於一個人，而是人真正會屬於一塊土地。」

他認為人都在尋找一個可以歸屬的特定地點，這個地方讓你有力量出發，也有回歸的眷戀，那就是你屬於的土地、你的原點，也就是故鄉。賴青松自己的故鄉，就是在阿公家度過的那短短一年卻至今難忘的歲月，那段童年時光成為他心中最踏實的所在。因此在大女兒出生後，他為了給女兒一個童年而舉家遷居宜蘭（賴青松，2007）。

穀東俱樂部種田十年間，賴青松的米跟田陪伴許多都市小孩成長，他說這些孩子們沒有機會接觸土地，也沒有機會認識農村，更沒有機會體驗農村，不同於都市迅速變動的特質，所謂的農村經驗是重複性很高的體驗，年復一年反覆著插秧、除草、割稻的節奏，因為有田在種，所以農人們連搬家都很少發生。賴青松很高興穀東俱樂部可以給孩子們這個充滿重複性的經驗，他說：「台灣很小，只有三萬六千平方公里，但是我們的孩子未來會走得很遠啊！那時候他想要找的就是一個故鄉。」

這話出自曾經歷許多生命經驗，也曾放洋留日的歸國碩士，相信是來自他真心的感動。而農村重複性高又相對安定的生活型態可以讓孩子們貼近土地，為孩子們建造一個故鄉。賴青松說：「我就是透過種稻、種地、種人，然後我們一起種出一個故鄉。」為了種出一個故鄉，早年穀東俱樂部租用舊屋整理做為穀東招待所（穀東之家），歡迎穀東到田間幫忙之外，也是讓返鄉的穀東可以有歇腳的處所。當設計穀東 event 的三節活動時，賴青松也是挑選最符合土地脈動的春耕插秧、秋日收割與冬至搓圓仔（湯圓）的歲時活動。

想為大家種一個故鄉，並不只是來自賴青松胸中柔軟的情懷，在訪問中賴青松說到：「你們有沒有想過，為什麼在這樣全球化的時代，我們開始講在地化？」若說我們的上一代的課題是因應「全球化」浪潮，讓自己能夠進入這波巨浪中並且順勢生存，已經生活在一個全球化浪潮中的現在，我們新的課題反而是「在地化」。賴青松認為在地元素開始被重視的原因是：「因為我們在尋找在地化的智慧，還有一條歸途。」他興奮的預測，「故鄉」會是未來最受矚目的概念。

第三章　吾不如老圃：賴青松視角的傳承

師承：亦師亦父何金富

在賴青松創立穀東俱樂部的過程中，何金富是關鍵人物。賴青松口中的「何大哥」與他相差十八歲，兩人結識於賴青松在主婦聯盟工作的時候，賴青松對於農業耕種最初的認識與接觸，也都來自何金富的農場。一九九六年何金富的農場在北投，離台北市很近，因此見面比較容易，賴青松回憶當時的互動頻率：「我平常一週去何大哥的農場進貨兩次，平常休假日的時候，或是工作上面有空檔或遇到瓶頸的時候，我就會跑去那邊。」

每當賴青松有煩惱的時候，何金富會傾聽他的煩惱，一邊聽一邊讓他拿起鋤頭、圓鍬動手做，不只給他心理上的安慰與方向，也透過實作讓賴青松的精神得到放鬆。兩人之間的關係很親近也很有深度，賴青松認為他大概是身邊最了解自己狀況的人。

「他在社大教書這件事情有點算是被我設計的。」賴青松笑道。兩人一開始的合作型態是主婦聯盟裡的園藝社團，最初是因為在共同購買中心工作的賴青松，一心想幫助消費者對生產者的困境或是實際的狀況有更多的了解，可是又苦於大部分的農人都不擅表達，儘管實務上都是獨當一面的專家，但在講述上卻不得要領。幾番苦思之後，賴青松想到，像何金富這般曾經從商的業餘農夫最合適不過。另一方面也是因為在與何金富交往的過程中，覺得他是天生的老師，賴青松發現何金富自有一套生動又具說服力的教學方式。

當時賴青松發現共同購買中心的消費者，其實對於他們購買的商品以及其背後的意涵並不了解，他希望消費者們能理解背後意義、產生興趣，進而與主婦聯盟建立一種有黏性的關係。為了讓消費者們了解，賴青松希望為他們創造更多接觸的機會去體會「汗滴禾下土」的現實，於是在一九九六年時找了何金富一起開設以種植蔬菜為主的「家庭園藝班」課程。第一堂課只有六個學員，學員特質符合主婦聯盟的特性，都是些有時間、也有年紀的媽媽們，這個班級很快的在一、兩個星期內增加為一、二十個人，賴青松回憶道：「其實都市裡面的這種綠需求真的是超乎你的想像。」這個隸屬於主婦聯盟下面的小社團，很快的從媽媽們的家庭陽台、到屋頂菜園，最後竟到了市郊的市民農園去了，到市民農園上課時，每次的上課人數都有二、三十人的規模。短短兩年之間，人數與場域的增長速度之快，遠超過賴青松一開始的想像。

何金富和賴青松是社會上的高級知識份子，何金富肄業於東吳大學外文系四年級，自小就是個喜歡做中學的孩子，勇於嘗試各式各樣的實驗，也是頑皮而富冒險性格，根據賴青松轉述，何金富這樣的性格在那個以高壓為教育方針的年代，常為他惹來一頓好打。賴青松說：「總之他的求學生涯就是一直對學校和老師沒有什麼好的經驗。」

這一點倒是和賴青松自己的學習經驗相似，都是一樣懷有無法在當代教育體制中得到滿足的好奇心。因為沒有遇到好的老師，因此何金富從「動手做」裡自己去學習，再將知識轉化成自己的語言傳給學生。例如何金富發展出一套為蔬菜看面相的理論，透過觀察蔬菜的外型，就可以知道該用什麼方式種植它，這理論乍聽有趣，而實際上也相當有深意。賴青松說他是一個讓人很有「感覺」的老師，如此形容他的教學內容：「他自己的這套東西比課本上寫的有趣多了，而且大多數人都會比較有反應，包括我都覺得很有感覺。」

何金富三十八歲離開職場歸隱田園，他透過邊做邊學的方式摸索出自己的一套自然栽培法，不同於賴青松專攻水稻，何金富主要是種植蔬菜。賴青松說現在的何大哥更上層樓，教種菜都從佛學開始教，不只是教種菜，也是教心、教人生哲理，賴青松認為，其實很多人會來參與，是因為他們需要的是一個安定身心的力量。用心耕種的農人，種植作物時如同培養自己的孩子一般，除了投資時間、金錢之外，也會把自己的心投進去，因此作物的生長情況、或死或活都對農人有很大的心情影響，賴青松說：「你看他生看他死，你不動如一，這就是道、就是自然，這其實就是古人悟出的道理。」

因此若是想追求生命安穩的力量，貼近自然脈動的農人是最好的老師了，賴青松說，連至聖先師孔子都會說「吾不如老圃」，在某種程度上，農人跟老師之間是有相關的。這對師徒都在種植這條路上，經歷了一開始患得患失如雲霄飛車般的得失心，然後在自然與歲月的洗練中，領悟出放鬆自己並且順應自然的哲學（張舒懿，2007；賴青松，2007）。

從與賴青松合作的家庭園藝班開始，何金富後來成為淡水社大的老師，蔬菜種植的課程不斷發展到現在，賴青松說：「可以發展到這個程度，我想跟何大哥自己本身的魅力有很大的關係。」這個不喜歡老師的人，成為深具影響力的「偶像級」人物（嘉恆，2007），誨人不倦，在時光流逝間已經當了近二十年的老師了。

種田：會當農夫是他害的

賴青松會喜歡上耕種，一方面是源自童年時代，在阿公家居住一年而根植於心的那份對土地的眷戀，另一方面則是因為何金富的啟蒙，賴青松終於遇到一個「老師」了。師徒兩人結緣二十年（至二〇一六年），賴青松至今仍然記得，當時那份終於找到一個能夠學習的對象時的悸動，他回憶道：「我對農業這東西玩出興趣，是在他的農園跟他一起相處的時光。……對我而言是我好不容易遇到一個老師，那個老師講的話是我聽得懂的，而且我覺得很有趣。」

因為這份「有趣」，讓賴青松想要身體力行的持續嘗試。回想起創設穀東俱樂部前的心路歷程，當時一直是賴青松傾吐心情、商量生活上遭逢問題的重要對象何金富，其實很擔心這個年輕人的出路。賴青松要離開主婦聯盟時也曾經找何金富討論，由於主婦聯盟的工作是一份穩定而有保障的工作，並且也符合賴青松的興趣，因此何金富勸他不要離開。仍然選擇離職的賴青松，經過半農半X的生活、留日取得學位，再一次又來到職涯抉擇的路口，何金富仍然是他重要的請益對象。

何金富看出賴青松對農業的興趣是由自己點燃的，面對這個念了碩士卻放棄念博士的年輕人，他對賴青松這樣的發展是有心理負擔的。賴青松說：「我覺得何大哥會覺得他對我父母親有點虧欠，因為他大概已觀察到，我對農業這東西玩出興趣，是在他的農園跟他一起相處的時光。」

另一方面由於何金富一直關心農業，但是找不到更貼近農村脈絡的切入點，因此當察覺賴青松對農耕的興趣和想當農夫的念頭時，何金富成為他實現夢想最大的助力。何金富深知「小農耕種」需要克服資本與銷售管道兩大困境，也知道賴青松有養家餬口的壓力，因此兩人一起討論出以市場接受度高、賴青松有興趣也曾經嘗試過的稻米作為產品之後，他提出「找人來買米」的大膽構想。賴青松回憶道：「一開始穀東俱樂部的時候我們算是一人出一半，他拿出他的人脈跟資本，我投資的是我的熱情與青春。」

何金富曾經從事業務相關的工作，這讓他對財務以及尋找客源有相當的了解，他提供自己的人脈，並且透過四處演講的機會宣傳穀東俱樂部，為這個新創事業找到第一批穀東。他挑起銷售的擔子，讓賴青松專心種田，賴青松回憶道：「我只要負責把田種好就好了，其他都不用管，他已經把錢都收好了，我只要負責第一年的田照顧好就行。」

穀東俱樂部初期的分工，是根據何賴兩人不同的專長和個性所做的專業分工，何金富深具勇於嘗試與冒險開創性格，而賴青松則細心謹慎，能夠長期關注（劉楷南，2009），賴青松形容何金富說：「他沒有辦法很穩定、很關注，他其實有點類似躁鬱天才的性格，他就是一直很跳tone，然後哪裡卡住的時候就會一直思考、一直思考。」因此穀東俱樂部如果單獨只有賴青松或是何金富，是無法成立的。沒有何金富的勇氣，不會有找人來買米的大膽構想；沒有賴青松的穩定，也就不會有長期耕耘稻田和穀東的田間管理員。

賴青松選擇以農夫為職業，他戲稱與何金富是彼此「相害」的關係，何金富「害」他去做農夫，而他則「害」何金富去當老師。這兩人在對方的生命中，都扮演了一個重要的角色，影響彼此生命的轉折與走向，牽引對方到一條富影響力的道路。賴青松認為，也就是因為這樣，雙方有互信的基礎。穀東俱樂部能夠順利創立，除了有賴青松的「興趣」、何金富的「人脈」與「大膽」，還有兩人個性上的巧妙搭配、相輔相成，最重要的是他們之間互相信任的深摯情誼。

學習：幾點都能打給他

穀東俱樂部的創業初期，何金富除了是點子發想者、第一批穀東召聚者之外，帶領賴青松進入農業天地的他，也是賴青松很重要的討論對象。賴青松特別提出，剛開始籌備的時候，很多事都仰賴何大哥，不管幾點打電話給他都沒關係。所謂萬事起頭難，何金富的專業是蔬菜種植，而賴青松更是田間新兵，但是兩個人都很有興趣也非常認真，充滿熱情的兩人遇到不懂的事情會找資料、看書，賴青松甚至會找日本的資料翻譯給何金富聽，兩人一起討論，那時候的生活樣貌，就是晚上看書、通電話，早上下田就實作。看到的資料在經過討論之後，馬上就有實作的機會，稻作會以最真實的樣貌反饋他們討論的結果，這種看似刻苦的耕讀生活，卻讓兩人興味盎然，他說：「其實農耕這個東西是很接近學習的本質。」

於是所學、所思可以馬上用，並且能夠很快得到反饋、知道效果。賴青松在描述與何金富的互動關係時，使用的詞大多是「討論」而非「教導」，因為兩人之間的互動富含個人想法的交流。賴青松認為兩人很容易展開討論跟引起共鳴，但也很難避免爭執。會有爭執的原因是兩個人都很認真，賴青松在親自實作之後，會產生更多自己的想法，他回想當時的許多爭執，現在看起來是錯誤的，也很沒有意義，但是在那樣的過程中，這些互動，即便是爭執都是有必要的。也正是因為兩人堅定而互信的關係，才能包容有時會出現的激烈溝通方式。

在賴青松二〇〇七年出版的著作《青松e種田筆記：穀東俱樂部》中，字裡行間常常出現「何大哥」，舉凡施肥、灌溉、蟲害等問題，都會與他討論，忠實的記錄著開創初期何金富擔任技術指導的重要性。在開創初期，何金富積極的參與穀東俱樂部的經營與運作，三、四年後賴青松進入了沉澱期，以帶點出師的驕傲說：「大概成立穀東俱樂部三、四年之後，何大哥就說你現在比我行了，你現在割草比我行了。」

現在的穀東俱樂部在種植上面，就由賴青松獨當一面的經營，只是兩人相交的情誼不變，何金富仍然在賴青松的人生扮演重要的角色。

網絡：共同耕耘台灣的夥伴

農耕這條路上，賴青松也向除了何金富之外的許多不同農人請教，這個農夫網絡來自賴青松在主婦聯盟時期結交的朋友，或者是朋友的朋友擴散出去的人脈。賴青松表示目前與自己維持固定關係，彼此會互相寄送農作物、往來拜訪的農人，大約有十個左右。農人之間自有一套交往互動的方式，有時會彼此連繫之後去拜訪對方，有時候則是順道路過就去打招呼，賴青松說：「農夫一般來說不會太頻繁的去拜訪別人，因為自己有田要顧。」

儘管見面聚會的機會也許不多，卻是一坐下來就有說不完的話，因為知道彼此都是以愛護環境的方式，用心在同一塊土地上耕耘。這種互動方式也帶有農夫生活安土重遷的安全感，因為農夫基本上是跑不了的，只要他的田在種，他就固守在他的土地上。所以你永遠知道可以去哪裡拜訪他，農夫彼此之間有種知道無論如何對方就是在那片田間工作的安全感。

賴青松請益的對象，大多是深溝村之外的農夫，而非近在身邊的鄰居。其中主要的原因，是使用的農法不同：鄰居們仍然以傳統施用農藥與化學肥料的慣行農法耕種，而非如賴青松一般使用自然農耕的方式耕作。此外，請益討教仍然需要一定的關係基礎，初來乍到的賴青松，對深溝村住了一輩子的老農夫而言，仍是個外人，一提到自己是做自然農耕的，對方心中又對他加了一層刻板印象，因此如果要詢問他們還要先花一段時間「搏諾」（累積交情）。所以賴青松主要詢問的對象都是自己已經認識的、有關係的人。而那十個人也就成了賴青松遍布台灣的"key man"，當他需要資源的時候就由這些人連結出去，他說：「所以當我去（拜訪）的時候，已經是什麼都『喬』過了，所以很容易對話。」

在尋找學習對象上面，賴青松有一個重要的判斷，就是這個人能不能問、這個人有沒有東西可以給我學習。這是賴青松選擇詢問自己認識的農人的另一個原因，或者他會向曾經在網路上或書籍上看過對方的發言或文字的對象請益，他說：「基本上是有透過篩選的，我知道他的脈絡，對話相對容易，不用前面還在那邊磕磕碰碰的。」除了透過文字與發表來判斷之外，賴青松也會透過觀察對方的耕種狀態來判斷，他說道：「簡單的方法是田如其人，必須要花時間去觀察他的田，你看得懂再去問他。」

談到農業上的學習，口語傳授是最主要的學習方式，因為農夫不會著書立說，真的要了解農夫的世界，就是直接問他本人。因此賴青松會透過打電話，但是在這個實作為重的農業世界裡，光問是不夠的，還要親臨現場，他說：「你除了問他的人是不夠的，你還要去看他的農場。」親臨田野是他在台灣生態中心做社會調查時奠基的學習方法，也是在主婦聯盟時所留下拜訪農場的習慣。

因此，賴青松會趁著農閒時間帶著何金富和穀東們一起去台灣各處的農場旅行，剛開始耕種的時候，他因為經驗不足，在耕種知識上仍然生澀，所以主要是與何金富一起四處參訪，賴青松回憶：「帶何大哥去就真的很精彩了！簡直就是高手過招，我就在旁邊偷學。」透過與許多不同專業的人切磋討論，帶給賴青松實際的幫助與更高的視野，他說：「當然不見得每個都會持續的發生對話，但是至少你看的面向會更廣。」而最適合賴青松的學習方式，是雙向的「討論」而非單向的「教導」。

傳遞：做田少年郎

二〇一二年賴青松的田間發生一件大事，就是來了一批年輕人，他們來自全台不同大學，卻同樣對農村有熱情。經由賴青松主動的邀請，讓他們有機會進入田野，透過實習的方式學習農事、接觸農村。每年穀東俱樂部會推出自己的年曆，由穀東們設計，年曆上以前一年度的田間大事為標題，來記錄過去一年田裡發生的事情，因此二〇一三年度的穀東年曆即以「做田少年郎」為標題，記錄穀東俱樂部進入傳承的新階段。

賴青松會主動去找年輕人進入農村，來自他的新困境。穀東俱樂部始於二〇〇四年，在田間耕耘將近十年時，賴青松開始意識到，自己的耕作面積有可能會出於非自願的不斷增加，因為隨著老農凋零，耕種的面積不斷縮減，不忍心見耕地變建地的賴青松，想維持農地的面積，對他來說就是擴張耕種的面積。但是一個人的能力與體力畢竟有限，若耕種面積不斷增加，勢必要聘請更多人力來工作才行，但是經由過去的生命經驗，他早已清楚「形成組織」並不是適合他的方式，因此賴青松想到的方法就是，預備一個「實驗田地」，找一些年輕人進來負擔勞務，如此一來就可以為自己減少實際耕作的面積。他說：「我很清楚我不太能夠管人，也不喜歡進入組織，我還是想保留自己勞動的空間，但是我又必須為將來預作打算。」

為了尋找對務農有興趣的年輕人，賴青松主動致電給「台灣農村陣線」（簡稱農陣）的蔡培慧老師，詢問是否對這個企劃有興趣，經由農陣的連結與組織，誕生了一個以「宜蘭小田田」為名的實習計畫。實習計畫於二〇一二年落幕之後，一些對務農與農村生活有興趣、有使命感的學生決定繼續留下來，他們於二〇一三年進駐深溝村，不再是以實習的型態進駐，而是開始貨真價實的務農，延續「宜蘭小田田」的名稱，承接最初穀東俱樂部的風險分攤型態，從耕種、銷售、物流全部自己承擔，自負盈虧的經營自己的小農事業。

「傳承」並非是賴青松對於穀東俱樂部的設計，而是自然發生、順勢而為的事情，一直以來他想追求的，無非只是能夠用種田維持生計，以及為自己創造一個在社會上發聲的位置罷了。對於傳承這件事情，賴青松認為這是一種「緣分」，只能等待卻不能強求，他說道：「你怎麼知道哪裡有個人願意過來把你的東西傳下去。要等啊！要等到有一個人願意過來學你的東西啊！」

傳承除了需要有一個有內涵可以傳遞的老師之外，更需要有願意承接知識與技藝的學生，賴青松認為在傳承這件事情上面，真誠是最重要的。務農十年，放鬆自己、順應自然成為賴青松最重要的功課與哲學，因此他也用同樣的態度等待傳承：

「我覺得世界上最有價值的事就是大家真誠的一句話，真誠以待、誠實面對時，對方就會跟你分享他的東西，那有時候是人家一輩子的精華，人家的真誠跟時間是最有價值的。其實對一個年輕人來說，你保持純真、良善、誠實，還有對東西的熱情，你不用擔心沒有好東西可以學，東西多到學不完啦！」

指導：為你鋪一條回原點的路

賴青松的教育哲學，認為要先把孩子變成海綿，讓他們自己去找答案，因此當宜蘭小田田（以下簡稱小田田）在二〇一二年進入農村開始實習時，他致力於「引起興趣」。當農陣學生們來到田間，除了農事工作之外，他帶著他們去泡冷泉、摘西瓜、看林場等等，不只是讓他們在田間勞動，也帶領他們四處參訪遊玩，賴青松為他們設計了一整套完整的規劃，最重要的原因就是怕他們失去興致、不想再來。而這樣寓教於樂的設計，成功的引起這些學生對農村和農業的興趣，留下一批願意持續學習農事的年輕人。

二〇一三年當小田田以自負盈虧的方式開始運作的時候，一切的農事耕種完全必須「自己來」，跟之前實習狀態只是參與部分勞務的情況不同，賴青松放手讓小田田經歷自己過去的歲月，在實作中學習，但是仍然希望他們是願意主動吸收的海綿，能夠主動提出問題。因為賴青松相信當主動問問題時，才真正是學習的開始，並且這樣的舉動對老師也是有意義的。對於這個規劃，賴青松說：「我讓他們很快的到一個可以跟我討論的階段，我比較喜歡用討論的方式。因為這比較貼近學習的原型，如果他都不問，你怎麼知道要怎麼教他？……學生問問題對老師而言也才是真正學習的開始啊！老師也是要學的啊！老師要是不學，要怎麼給人家東西，而且老師需要有熱情。」賴青松期待的是教學相長的互動關係。

宜蘭小田田的成員都是來自台北市的碩士班學生，是一般世俗認為前途光明的高知識份子，又是喜愛新鮮玩意的年輕人，但是卻選擇在相對而言單調封閉的農村待下來營生，賴青松觀察他們的背景發現，這些學生多少都有點鄉村背景。他認為這些不是在都市中長大的孩子，能夠習慣平淡的甘美，比較不戀慕虛榮，可以在平淡中感到幸福，所以才比較能夠待在這裡。

除了生長背景之外，個性也有關係。賴青松觀察他們的個性說道：「可能個性上跟這個也有關係，他們都不太會講話，不太善於表達。」儘管賴青松期待勇於發問的學生，但是面對這群害羞內向的年輕人，他說：「也因為他們比較不會表達，所以我覺得我在這點上面會很雞婆，常常會主動問他們：『這個是這樣嗎？還是會不會是那樣呢？這樣子可以嗎？』就是會主動提問。」訪談中作者觀察到賴青松似乎不太清楚目前宜蘭小田田[6]團隊有幾名成員，只知道這是個同心圓一般的組織，但是他對這個團隊的屬性卻有很深入的觀察。

除了引起興趣、刺激小田田主動提問之外，賴青松的另外一個設計是讓小田田向「原點」學習。小田田除了以「風險共同分擔」的方式，在耕種之前就找好穀東來買自己耕種的米之外，也協助從傳統慣行農耕方式轉為自然農耕的陳榮昌主委賣米，這項方案小田田將它命名為「阿公的米」。小田田與陳主委之間的這條線是賴青松連結的，他笑道：「這個是我設計他們的啊！」這一項設計包含了許多的意涵，一方面賴青松希望可以幫助想要轉型自然農耕的老農，另一方面他也深諳年輕人喜歡追逐「遠大的理想」的脾性，他說：「為什麼他們很關心遠大的事情，是因為眼前的事情不知道該怎麼辦，年輕人不是都這樣嘛！」

這個「設計」更重要的原因，是對小田田的農業學習而言，賴青松是用心為他們鋪一條回到原點的路，他說道：「我很懷疑我在農耕這條脈絡、這條長河上面，有沒有足夠東西去傳承，我可能有很多東西弄錯了，既然原點還在，那麼為什麼不直接去找原點？幹嘛要看翻譯呢！」

因此賴青松很希望可以為小田田創造接觸老農的機會，讓他們向原點學習，而當他們願意幫陳主委賣米時，雙方的關係自然就更親近，要詢問各種的問題當然也方便許多。為了幫助小田田更親近老農，賴青松默默的在心中與小田田畫一條線，讓自己不要像去年那麼"follow"小田田的耕種狀態，當小田田向他提問時，他會先對他們說：「你們問了歐吉桑了嗎？歐吉桑怎麼說？」如此促使小田田向陳主委學習，他笑著形容這樣的設計是：「今年就是他們的班導換人了啦！」

「阿公的米」除了是賴青松為了在農業知識的學習上面幫助小田田之外，也是賴青松給他們的一道習題。賴青松讓小田田自主決定是否要協助陳主委賣米，當小田田做下這個決定之後，稻米如何包裝、行銷、定價等等的事宜都放手讓小田田自己去思考、設計與執行，他說道：「我等於就是透過這樣的方式在幫他們出習題。如果我把這個資源 cover 住，這些事情都不會發生了。」進入農村的青年，多少有些社會運動的使命感與熱情，卻往往缺乏商業化的知識與經營能力，當要真正落地生根的種稻賣米時，這些都是必須要思考的

6 實習計畫時代的宜蘭小田田是賴青松與農陣合作的計畫，每週前往農地的人數不一，每週出席的成員也不相同，但是會有出席率較高的成員。成為宜蘭小田田自產自銷組織之後，從年初創立到研究者於二〇一三年六月二十八日訪問宜蘭小田田為止，其團隊成員人數是逐漸減少的，至研究者訪問宜蘭小田田時僅餘四名成員。

重要環節，比起直接告訴他們這些事情的重要性，賴青松偏好把機會給他們、問題也給他們，當遇到問題而提問之後，大家再一起提出自己的想法來討論。

宜蘭小田田的農舍——小田田寮是向陳主委租賃的，坐落在三官宮廟前廣場對面，農舍前面就有個天然水溝，平日有許多村民會在那裡洗菜、戲水，為小田田提供一個認識人也被認識的機會。而三官宮是深溝村的信仰中心，村民們的宗教慶典、日常聚會和社團活動等等都在這邊舉行，平日也總有三三兩兩的村民在廣場樹下聊天，將小田田安排在此，一方面讓他們可以與陳主委更靠近，另一方面也幫助他們增加曝光機會，讓他們更容易進入村子的社交系統。

賴青松深知光是有地利之便還不夠，要進入農村的社交系統，需要能夠切入的脈絡：「他們（宜蘭小田田）不容易認識村子裡面的人，因為他們缺乏脈絡。」而這就是賴青松苦心讓小田田與陳主委連結的原因，他解釋道：「所以他們為什麼要賣阿公的米，這樣他們就變成阿公一脈的人，你知道阿公在這裡有多大尾嗎！他是水利會小組長，也是這邊三官大帝廟的主委，你跟在他後面就是幫他提皮包也變得比較大！」

宜蘭小田田的一群年輕人，來自台灣不同的地方，他們不像賴青松在深溝村有妻子的娘家、小孩的家長會等等的脈絡可以切入當地的社交系統，而地主就成為他們唯一的，也是最理所當然的脈絡。因此宜蘭小田田租阿公的地耕田、租阿公的房子做農舍、幫忙阿公賣阿公的米，如此一來向阿公學習、得到阿公的社會網絡支持，就變得順理成章了。

除了自己的米、阿公的米之外，小田田也提供打工換宿的機會，在宜蘭小田田的部落格中填寫線上表單，就可以以自己的身體勞務，交換免費到小田田的宿舍住宿的機會。這一個想法也是賴青松刺激他們的，過去穀東俱樂部有個「穀東之家」，賴青松在附近租了間房子，鋪設通鋪在其中，方便穀東們來到田間提供勞務時可以有落腳之處。後來那個房子賴青松的岳父拿去使用了，因此就無法再提供這樣的服務，但是賴青松知道若要讓更多人進入田間、親近農村，提供住宿的配套是必要的，因此當小田田進入農村時，他就把這個需要轉移給小田田去提供服務。如何招呼來打工換宿的人們，引起他們的興趣，為來者鋪一條進入農村情境的路，是賴青松給小田田的另一個習題。

農耕第一年，小田田成員光是耕種與販售就已經焦頭爛額了，在打工換宿者的行程安排上，小田田並沒有提供設計過的行程，賴青松描述當他問小田田怎麼招待打工換宿的人時，小田田的回答是：「因為我們很忙啊！就讓他們來三天，自己去玩兩天，最後一天來我這裡幫忙。」這樣不甚完備的安排，恐怕無法達到賴青松交付習題時的期待，描述的時候賴青松的語氣中有些許失望，但是他嘆一口氣之後，笑道：「他們（宜蘭小田田）好像還無法了解到這個地步，還沒有那個同理心可以去為別人設想，因為他們自己本身都還在碰撞與摸索，他們還沒變成主人，沒有那麼快可以變成主人。」唯有在這塊土地上，能夠安然自得的覺得自己是這裡的主人之後，才能產生招待遠道而來的客人的從容，這份從容需要時間的洗練與經驗的累積。

藍圖：創造適合自己的農村生態

賴青松對於傳承「緣分」的出現是欣喜的，因為他知道農村蘊含的珍貴價值，同時也知道在全球化資本主義社會裡面，農村的價值在商業化社會中逐漸被掩蓋，因此當願意學習的人出現的時候，賴青松對於分享知識與協助新人是很有熱情的，他說：「你看當初何大哥為什麼願意對我傾囊相授，因為沒有人願意學啊！」當時狂喜的，不只是好不容易找到一個可以聽得懂的「老師」而興奮的賴青松，還有終於等到一樣對農業感興趣、願意聽自己分享的年輕人而感動的何金富。

傳承的熱情相仿，做為老師，對年輕人的擔憂也在十年後相似的重複。宜蘭小田田第二年繼續留下的決定是出乎賴青松的意料的，欣喜之餘他也會擔心這些年輕人就這樣留在農村好不好，他說：「會一直想說這些年輕人在這邊就這樣留下來了，這樣好嗎？他們在這邊可以學到什麼？有時候我會想他們是不是該出去一下？就這樣留下來是不是太快了？畢竟這邊還是有它的封閉性。」

擁有曾任職於主婦聯盟、日本留學等各式經歷的賴青松，認為自己是「出去」過的人，更因為曾經「出去」而讓自己能夠「留下」，他說：「這樣的經歷至少幫助我了解自己，要是沒有那個經歷的話，我可能沒辦法在這裡做那麼久。」隨著網際網路的發達、全球化的浪潮衝擊下，賴青松認為現在這個世代和他過去的世代是不相同的，因此他認為年輕人能夠走遠一點、多看一些是很重要也很有幫助的，對於這些做田少年郎，賴青松有樂見其成的開闊，也有願意分享資源的牽成。他說：「如果你真的想待，我們一起想想你要怎麼待下來；如果你要出去，那麼要去哪裡。至少我比他們站得高一點，多多少少可以幫一下。」

宜蘭小田田對賴青松而言，不是只是付出資源、提供知識的對象，他們也是他打造心目中最理想的農村藍圖裡重要的一環，他說：「他們在這個地方留下來了，對我而言直接間接的就是有好處。」賴青松形容小田田與陳主委都是「有動能的點」，而他所做的就是設法把有動能的點連在一起，因此他讓小田田與陳主委結合。陳主委在賴青松遷來深溝村的第一年，就大膽把田租給這個外來人，並且在賴青松剛來這裡時就詢問他，如果自己也轉做自然農耕，賴青松是否可以協助賣米。

賴青松發現陳主委是個有動能的老農夫，關心環境的他很希望可以促成陳主委轉以自然農耕的方式耕種，但是礙於人情壓力，自己有十幾個地主，如果幫其中一個地主賣米，後面會有一連串的「不好交代」，賴青松說：「一方面賣別人的米不是我的 style，另一方面就是我的角色要做這件事情的話其實會有點尷尬。」

因此賴青松只能婉拒陳主委，但是小田田的出現創造了新的機會，他說：「小田田一進來，一個撞球檯上憑空多了兩個球，多兩個球就好玩了！本來如果我打這個球我就有事了，現在我可以打這個球讓那個球進袋。」所以賴青松就把握這個機會讓小田田與陳主委結合，創造三贏的局面。

宜蘭小田田對賴青松的加分，跟他們種植稻米的成敗沒有直接的相關，倒是跟他們做事的態度有關，賴青松說：「如果他們有認真來做，不管他們做出來的結果如何，只要認真做，對我而言就是大大加分了！」當外地年輕人進村，大家的眼睛都張大著在觀察，年輕又沒有經驗的人種植稻米失敗不讓人意外，只要他們認真，對賴青松而言的加分是：「因為我把好人帶進來村子裡面了」，這對賴青松是信譽的加值，也是自己背後擁有資源的代表，他說：「講直接一點就是：我有『細漢仔』。」這為賴青松未來與老人家的互動鋪了一條更有利的道路。

青年務農，對於農村而言有更深層的意義，宜蘭小田田與賴青松不約而同的用「活起來」來形容青年進入農村這件事。現代台灣農村，人口大量流失，留在農村裡的人多半是老人和少數的兒童，中生代的年輕人幾乎沒有，這是台灣農村面臨的最大問題，人口老化與人口外流，賴青松難過的說：「村子裡面本來的氣氛是看到靈車來來去去、看到搭靈堂的大棚布又搭起來了，那個氣氛真的很差！」因此當村子裡面出現年輕人，這些年輕人自然吸引大家的目光，成為眾人的話題，賴青松笑道：「村子裡面出現新面孔，而且是年輕人，光是這件事情我已經覺得我功德無量了。」

年輕人進入農村，把原本欠缺的社會結構補滿，現在老、中、青通通都有了，賴青松認為這樣幫助農村成為一個比較完整的系統。透過新成員與老舊成員的互動，村子就再度「活起來」了，他說：「舉例來說，就一堆人說要幫吳佳玲（宜蘭小田田的駐點田間管理員）做媒人啊！」人與人之間互相關心是人類原始的社交行為，農村的人特別關心自己身邊的人發生的大小事，賴青松說：「這種情況你在都市是不會發生的，誰管你嫁給誰啊，不重要的，因為人太多了，人多到面目模糊。」看似八卦的活動，卻有其重要的意義：「每個人的重要性都出來了，大家沒損失，又殺時間。」賴青松認為，當年輕人進入農村，就補足了社交系統需要新話題，老成員需要新成員來關心的缺洞，年輕人的人生充滿機會與希望的特質，也給農村帶來了新的期待與盼望。

年輕人進入農村，增加農村的多元性，藉此能讓農村的社會系統趨於穩定。對傳承而言，年輕人更是傳承的重點要素，賴青松說：「社會變成這樣整個就沒後路了，你要說傳承的話，整個就傳承無路了。沒有年輕人的話，你有天大的本事也沒用。」這批年輕人沒有進到農村以前，賴青松就是最年輕的人，他說：「沒有新兵你就永遠當新兵了，沒有新兵你就新兵做到老了，這樣就沒有傳承的發生性。」因此小田田的進入，也標示著他自己在此地的身分轉變，從後輩變成前輩了。賴青松的傳承概念中也有承襲農村傳統的部分：「就是要讓新兵走我們走過的天堂路，這樣就是傳承。」所以他讓小田田跟自己當初剛來的時候一樣，種沒有人要耕種，卻是自己最初種植的「奧田」（不好耕種的稻田）：「就是要這樣才學得到本事，不然怎麼學到工夫。」村落裡面開始有年輕人願意留下來居住，並且在此處營生，賴青松以「老樹長新芽」形容之：「這個新芽以後到底會開什麼花、結什麼果，我都是樂觀其成的。」

賴青松對於宜蘭小田田的種植企劃樂見其成，但是也因為他對這些年輕人生涯發展的憂心，因此對於他們次年是否仍然在此地耕種保持開放的態度，他說：「我其實一直都在預期小田田會不做，而有所佈局。」田間農事需要人力，賴青松除了宜蘭小田田這群生力軍之外，還有由穀東創立的「倆佰甲」。倆佰甲是一群半職農夫，他們都有自己穩定的工作與收入，耕田是他們的樂趣，隨著他們耕耘自己興趣的同時，他們的技術也越趨成熟，相較於小田田，賴青松形容他們：「技術那些也比較像樣，他們其實是『會』（懂得耕種技術）的人。所以未來如果小田田不做了，我就是用他們。」

目前由賴青松延伸出去的務農社群面積，約有十六公頃的農地聚落，他說：「由我自己出面代租或幫忙租土地的，大大小小加起來大概有超過十六公頃，這裡面我自己有六．五公頃，其他大概將近有十公頃：倆佰甲六．五公頃，其他就是其他人的。小鸝米工作室將近一公頃，樂生田將近一公頃，土拉客將近一公頃，其他零星土地則由深溝國小等承接耕作。他們大部分都不是宜蘭人，都是外地人。」至於倆佰甲成員及其他深溝小農自行租用的農地總面積不可考，但估計應該在二十公頃以上。如同賴青松二〇〇四年開創穀東俱樂部時的理想一樣，他真的種出一條讓人回到故鄉的道路。

賴青松分享他現階段的佈局目標：「我現在做的事情其實就是希望慢慢讓這個地方變

成喜歡鄉下的人都可以住下來，然後他如果有興趣有能力，也可以多多少少參與農事。」當一個村莊裡面的所有人，大家多少都能夠從事農事，恢復過去「以農為本」的樣貌，那就是賴青松心中最夢幻的農村樣貌了。

未來：展望下一個十年

賴青松說自己是個幸福的農夫，他所定義的幸福農夫，要有權力挑客人，也有能力訂價格。一般靠天吃飯又被批發商剝削的農夫，既要「汗滴禾下土」的付出勞務，又要經歷「穀賤傷農」的虧損，並且還要擔負沒有辦法預測的天災雨害風險，實在很難跟「幸福」有所連結。為賴青松打開困境的通路就是穀東俱樂部，本來將歸農耕田視為退休後的理想生活的賴青松，提前在三十一歲實現夢想，這十年來他在耕田的同時，學習耕耘心田的功課，對一向求好心切的他而言，如何「把心放下」，從容的順應自然是一直要面對的功課。

提供穀東健康好吃的米、一條歸農的路，還有一個故鄉，始終是賴青松持續努力的願景，在此之外，他也致力於打造自己理想中活躍的農村生態系統，讓農村中的動能相互連結，激發更多的動能，使農村再一次活起來。賴青松認為二〇一四年穀東俱樂部的新里程碑，是販售二手書與農產品的「小間書菜」的開幕，由賴青松的老穀東楊文全發起的倆佰甲中的成員江映德、彭顯惠夫婦創辦的小間書菜，小店是改造古舊的老穀倉，外表也許看來不起眼，但是在凋零農村中卻也是一個新的契機與希望。賴青松希望藉由小間書菜將深溝村與深溝國小連結：「我要把七歲跟七十歲連結在一起」，因此將之形容為：「歸農十年的大里程碑」（賴青松，2014）。

十多年來的宜蘭深耕，不只耕耘出片片稻浪，也耕耘出從各地湧入宜蘭的新農，二〇一四年賴青松開始將穀東俱樂部的歲時三聚擴張為宜蘭友善農耕聚會平台，自己不再是單一主辦者，邀請各界友善農耕的新興小農加入聚會，分享自己的農作物與耕種經驗，讓穀東的歲時三聚成為深溝新農共同發起的新節日（賴青松，2014）。賴青松也深受公部門的信任，二〇一四年林聰賢競選宜蘭縣長連任後，曾力邀賴青松擔任農業處處長，後經由賴青松大力推薦，由資深穀東—倆佰甲創辦人楊文全擔任農業處處長（賴青松，2016）。

深深奠基於土地的能量讓賴青松跳出了國際性的影響力，二〇一五年受邀至日本農業重鎮九州宮崎縣的「台灣塾」大會擔任講者，分享穀東俱樂部與深溝農業生態圈的經驗（賴青松，2015），並於同年十二月與宜蘭縣政府一起舉辦了「東亞慢島生活圈小論壇」活動，會中邀請日本、馬來西亞、香港、海南島等地的歸農青年分享各自的在地奮鬥記（賴青松，2015），更吸引來自日本、馬來西亞等地的「農業新移民」移居宜蘭，展現扎根土地的世界影響力。

在賴青松的人生裡，妻子是他一路探索出路、歸農耕種的最大支持者，甚至也是他的老師，他認為自己有很多東西是跟妻子學習的。不同於賴青松鞭策自己、要求完美、幾近於「逼」自己的個性，妻子朱美虹非常的樂觀並且有隨遇而安的從容，賴青松承認自己沒有妻子快樂，因為自己的執著太多。妻子的心境展現出老子「無用之用是大用」的哲理，對於學習放手與放鬆的賴青松，妻子正是他的學習對象，他說：「我現在的人生功課就是在學這個，學習放鬆，也開始學習不規劃，學習面對無常的人生。」

至於對穀東俱樂部未來的規劃，賴青松展現出隨遇而安的從容自在。在非刻意的規劃中，賴青松穩健的累積自己的影響力、建構理想中的農村社群，持續的耕種稻米，也繼續堅定的為想念鄉村的人，築一條回到故鄉的路。

第四章　宜蘭小田田視角的傳承

我們是一群關心台灣農村的年輕人
恬在宜蘭一塊做熱情小田田
天公伯是頭家，賴青松是老師
歡迎大家做伙腳踏實地來同流合汗

——宜蘭小田田（2012）

楔子：宜蘭綻放小田田

宜蘭小田田始於二〇一二年賴青松與台灣農村陣線合作的實習計畫，該計畫讓大專院校的學生每週一次到賴青松的田間實習農事，認識稻米耕種的歷程也認識農村生活方式。實習結束之後，二〇一三年由五位對稻米耕種有熱情的學生持續承接，成為自立經營、盈虧自負的青年小農組織，持續在宜蘭縣深溝村駐地全時間耕種。宜蘭小田田在商業模式上承襲榖東俱樂部初期的風險共同分擔制度，召集榖東、委託種植。在農業技術上，他們同時向年輕的志願農夫賴青松以及七十四歲（二〇一三年的年紀）的資深老農陳榮昌學習農耕。

除了販售自己耕種的稻米之外，二〇一三年宜蘭小田田為了「鼓勵老農轉型種植無毒稻米」與陳榮昌合作，販售陳榮昌首次轉型為自然農耕法種植的稻米，命名為「阿公的米」。此外，宜蘭小田田以成為青年與農村連結的平台為目標，重視教育宣導工作，於二〇一三年成立「宜蘭小田田農村學校計畫」，透過參與實地耕種，吸引更多的年輕人進入農村，該計畫獲青年發展署「青年社區參與行動計畫」之補助（蔡永彬，2013；青年發展署，2013）。

儘管宜蘭小田田務農時間不長，但已經成為台灣青年下鄉務農的代表性個案，在相關社群中有一定程度的影響力與重要性，他們也致力於發展自己的社會影響力，希望為年輕人構築一條進入農村的道路。

表七　宜蘭小田田年代表

時間	事件表
2012 年	賴青松與台灣農村陣線合作「宜蘭小田田」實習計畫
2013 年	由吳佳玲、江昺崙、李威寰、張家偉、over 五人組成「宜蘭小田田」，全時間駐地種植，並且承襲賴青松榖東俱樂部的風險分攤概念，自立經營
	成立宜蘭小田田農村學校
	宜蘭小田田於同年解散
2014 年	吳佳玲與陳榮昌主委共同經營「有田有米工作室」

緣起：來去農村做代誌

宜蘭小田田由一群關心農村議題的年輕人組成，他們來自台灣農村陣線，農陣由台灣各地不同大專院校的穀雨社、農青社等社團成員組成，學生們透過閱讀農業相關的書籍、參與社會運動等方式關心農業。二〇一一年賴青松發現宜蘭有許多老農，因為體力無法負荷而休耕，他一方面覺得休耕農地浪費，又擔心未來這些沒人耕種的田地會被轉賣為建地，可是一個人力量有限，因此致電給農陣的蔡培慧老師，尋找有興趣耕種的有緣人（宜蘭小田田，2012）。自此由農陣與賴青松合作的「宜蘭小田田」實習計畫應運而生，對農村有熱情的年輕人有了可以實際體驗農耕脈動的機會。

回憶起一開始的接觸，雙方都有些措手不及。當時他們以賴青松的家為起點，「青松大哥」帶著他們四處遊玩，認識宜蘭，他們去了羅東運動公園、梅花湖等地方，宜蘭小田田的班長——江昺崙（綽號薑餅人）回憶道：「記得我們一開始來的時候，賴青松也不知道我們要幹嘛，我們也不知道我們要幹嘛。到最後他問我們說『欸，啊你們到底是來幹嘛的？』」賴青松希望在四處遊山玩水的過程中，擄獲這群年輕人的心。他在旅遊之後對他們說，其實務農滿好玩的，可以到處去玩。經過一段時間的互動，賴青松也在觀察這群年輕人，最後發現他們真的對農業有興趣，也有誠意要學習務農，於是在二〇一一年年末，他致電給蔡培慧老師，邀請有意學農的年輕人到他的田裡來實習。

宜蘭小田田的實習計畫，自賴青松耕種的田裡撥出兩分田，交給學生們耕種與銷售，年輕人們每週到宜蘭一次，做插秧、除草等工作，平日的水位調整則由賴青松維護（賴青松，2013）。兩分田以種植稻米為主，選用與賴青松相同的台中秈稻十號，四分之一的面積種植蔬菜。從選種開始直到割稻，整個耕種過程仿照機械化之前的傳統古法，靠人力手工種植。除了照顧自己的田地之外，他們也必須到賴青松的農地幫忙田間勞務（章思偉，2012）。雖然說是實習，但是收割之後的打穀、曬穀到賣米都是由宜蘭小田田自行負責，因此也是一定程度的真槍實彈上場。

宜蘭小田田的實習計畫，一開始並沒有固定的成員，大家想來就來。剛開始人還滿多的，但就是來來去去的，有時候甚至來的人都不一樣，可是到後來人越來越少，就變得很固定，剩下五、六個人。這群關心農業的年輕人，有的來自農家，或者有居住過農村的經驗，但是普遍而言卻沒有實際下田從事田間勞動的經歷，因此這半年的田間實習經驗，對於這些平日不習慣從事田間勞務的年輕人而言，應該是一段疲勞的辛苦回憶（賴青松，2013）。

然而，這一段回憶對他們來說卻是歡樂的，而且彌足珍貴。宜蘭小田田成員吳佳玲（2013）認為，每週一次的田間勞務就像是一群朋友的聚會，只是將聚會地點由大學生們原本習慣的學校討論室、咖啡館拉到宜蘭真實的稻田。江昺崙與李威寰說道：「一開始真的很開心耶！因為大家就是來玩的，就是跟一群人一起來田裡玩那樣。」

實習完了一期稻作之後，這群年輕人彼此開誠佈公的討論了一番，一連串操勞的身體勞務與整整四個月的宜蘭台北舟車往返並未消滅他們的熱情，大家仍然決定要繼續這個計畫，並且讓它從「實習」轉為「自立」，成為一個長期發展的青年歸農團體，繼續以「宜蘭小田田」為名，請賴青松擔任老師，開始自產自銷的全時務農生活。

持續：這不是青春的浪漫

充分體驗之後決定要繼續耕種，吳佳玲（2013）表示，持續耕種的力量來自賴青松的陪伴與指導、地主陳榮昌主委的支持，還有透過關心農業的社會網絡在宜蘭小田田臉書粉絲專頁上的鼓勵，更重要的是與他們互動對話的土地，給了這群年輕人往前的勇氣。決定「宜蘭小田田」要以自立經營的方式持續下去之後，團隊就有了固定的五名成員，其中除了農家子弟吳佳玲之外，大部分沒有真正下田工作的經驗，共同擁有的是對農村的熱情與嚮往，賴青松形容他們：「會跑來這邊，然後對這裡有黏著度的，其實多少都是有鄉村背景的。雖然不見得一定是住在鄉下，但是一定是住在小鎮的，就是他們比較不羨慕虛華啦！」

金融海嘯過後，青年失業與低薪的問題是這世代年輕人的共同壓力，在被資本家剝削的生活中，自產自銷的田園生活變成遙遠的夢境，因此宜蘭小田田以成為年輕人和農村之間的橋樑為目標，希望自身的經營方式可以提供一個能成功複製的模式，讓更多青年能夠返鄉務農（宜蘭小田田，2012）。他們如此形容這個務農的決定：「小田田並不是突如其來的浪漫，而是一群人的夢想，更是我們年輕世代共同的美麗願景。」

經營：承襲穀東俱樂部再創新

確立團隊成員之後，宜蘭小田田擴張耕種面積，由原本的兩分地擴大為九分地，委派了全時間駐地田間管理員，租賃農舍在水田邊專職照顧水稻。承襲穀東俱樂部早期的商業模式，透過風險共同分擔的方式營運，集眾人之力分攤風險，由穀東認股的方式支持農民的生計。

除了販售自己耕種的稻米之外，宜蘭小田田一直在思考青年入鄉可以為農村做些什麼，為了鼓勵想由慣行農法轉為自然農法的老農轉型，宜蘭小田田協助陳榮昌主委販售他轉型以自然農耕方式種植的稻米，命名為「阿公的米」，此外也提供教育宣導和打工換宿的服務，希望成為年輕人進入農村的橋樑。宜蘭小田田的設計沿襲賴青松穀東俱樂部的模式，說明如下。

加入穀東

自立後的第一版穀東招募始於二〇一三年初，當時公布的「二〇一三宜蘭小田田穀東招募說明書」中的認穀方式為：「一穀＝十五坪＝二十分之一分＝二千元」，穀東以認養土地面積的方式認穀，針對個別穀東的認購穀份數上，沒有特別的限制。宜蘭小田田種植的稻米，名為「田田米」，和賴青松一樣使用台中秈稻十號。自立後從秧苗育苗等前置作業開始，全部由宜蘭小田田自行處理。耕種的農法與賴青松相同，使用無農藥、化肥、除草劑的自然農耕法，耕種無毒稻米。

二〇一三年透過網路宣傳，共招募到七十多名穀東，將穀份全數認購完畢，其中約十幾名是認識的人，大部分的穀東不是來自團隊的人際網絡成員，而是真正不認識的顧客，這讓宜蘭小田田喜形於色。宜蘭小田田形容自己的穀東是「理念型」的顧客，大部分都是支持青年務農的概念而來的人，吳佳玲說：「跟我們買米的表格下面有一行是想跟我們說的話，很多人的留言都是：覺得你們做的事情很好要鼓勵啊；或者說我們是宜蘭人，我覺得有人在我的家鄉做這樣的事情很好。」

宜蘭小田田的顧客不是因為商品品質、品牌或行銷而來，主要是因為支持這群年輕人的理念而付錢購買，成為不論豐收或歉收都將一起承擔的穀東。延續賴青松的營運模式，宜蘭小田田也在春日辦插秧聚，夏日辦收割聚，其他時間則不定期的舉辦工作坊，讓穀東來到田間參與補秧、除草等田間勞務的工作，親身體驗水稻的生命歷程（宜蘭小田田，2013）。宜蘭小田田團隊希望在與穀東長期建立關係的同時，也培育我們的下一代，具備熟悉無毒稻米、健康食品的食物品味。至於宜蘭小田田希望為穀東提供什麼樣的價值，當時卻不甚清楚。他們說：「要給什麼東西？一開始我們找穀東是希望可以得到支持，針對我們金錢上的或是勞力上的支持。」

初生之犢，似乎尚未了解交換關係是彼此互相的價值提供關係，也尚未建構完整的內在哲學，但是有滿滿的熱情與勇氣。

田間管理分工

宜蘭小田田由吳佳玲擔任全時間駐地種植水稻的田間管理員，李威寰也是駐地工作的成員，其他成員還是住在台北，從事學生本業或自己的工作，每週到田邊幫忙。當初大家想著要以分工輪值的方式工作，但是賴青松堅持要有專人駐地顧守水稻，否則稻田終將荒蕪，於是吳佳玲毅然休學，離開台北，長駐宜蘭。在實際耕種之後，宜蘭小田田意識到全時間駐地的重要性，田間勞務的日常進行是無法輪值排班的，吳佳玲形容賴青松當初的堅持是很「睿智」的提醒（何欣潔，2013）。

新手耕田每天都是新鮮事，也時常遇到問題，對於新學到的知識或是田間的狀況，兩位駐地成員間主要靠口頭傳遞訊息。由於團隊成員參與耕種的方式與時間點不同，因此小田田之間訊息傳遞的方式，主要是透過成員間共組的臉書封閉性社團張貼消息，並且透過網路讓在台北的團隊成員也可以收到即時的消息，一起參與討論。吳佳玲說：「我們會在社團裡面討論一下田間的狀況，現在可能進入到哪邊，可以把日常大家不知道的那個面向的東西補充上來。」

宜蘭小田田的目標，是成為青年返鄉歸農的成功模範，讓年輕人知道回到農村務農是可行的出路。但是五人團隊中只有全職田間管理員吳佳玲有支薪，每個月一萬五的薪水，甚至低於我國法定最低基本薪資，經營模式無法提供合理的收入來源是一大困境。能夠進入農村、擁有一塊自己耕種的田地，對這群一直以來透過紙本、演講、街頭抗爭來關心台灣農業困境的年輕人而言，是很重要的機會與體驗，在二〇一二年公視的電視訪問中，吳佳玲說道：「踏在土地上的感覺是比較真實的。雖然在街頭上吶喊也很重要，但是你回到農村做日常的除草、巡田水這樣的工作，會讓你的心靈比較充實。」

在宜蘭小田田的官方部落格中，他們如此描述自己的目標：「希望我們耕耘的小田田是一次可以複製的嘗試。讓每位有興趣返鄉務農，卻苦無管道的年輕人，都可以找到一條回鄉的路。」（宜蘭小田田，2012）宜蘭小田田也參與許多與台灣農業相關的對談、論壇、訪問等等，分享自己的意見與看法，例如宜蘭縣長林聰賢就曾邀宜蘭小田田，與其他宜蘭農業新移民一起討論宜蘭農業問題（吳淑君，2013）。

宣傳行銷

宜蘭小田田的行銷，主要透過自己的部落格、臉書粉絲頁面，和上下游 News&Market（新聞市集）網站[7]發布訊息，充分展現數位時代年輕人的科技能力。透過網際網路傳布訊息，可以跨越地理疆界、社會階層的限制，又不需要金錢的成本，但是很需要「時間」去經營、回覆讀者的留言，並且團隊成員也需要具備一定的書寫能力。由於五名團隊成員中，有兩名是中文專業，因此書寫文章投稿反而成為他們的優勢。

上下游 News&Market 是宜蘭小田田很重要的宣傳平台，除了以「宜蘭小田田」投稿之外，團隊的每個成員都有個人文章在上面刊載，文章內容包含宜蘭小田田舉辦的活動、發展計畫、穀東招募等廣告性質的文章，還有成員們發表的青年務農的心得、宜蘭小田田周圍地理環境的介紹等等。不論是柔性訴求的感性心得文，抑或是招募支持者的宣傳文章，都得到廣大的迴響，最直接的回饋就是對宜蘭小田田的初次穀東招募有很明顯的幫助，李威寰說：「我們那時候一開始穀東進展的沒有很多，文章一 po上（上下游 News&Market）去，刷的一下就滿了。」

因為成員們從實習計畫的時候開始，就在以關注農業與土地議題的上下游 News&Market 網站上面發表文章，因此已經在台灣關心友善農業與農業議題的社群中，累積了一定程度的知名度。宜蘭小田田也透過發行「小田田通訊」，主動發訊息給穀東，增加與穀東之間的互動，期待能夠藉此提高穀東的忠誠度。「小田田通訊」的調性主要是以手繪水彩畫風的圖片為主、文字為輔，吳佳玲說道：「那時候也討論到如果都是文字的話，其實大家接受度不是那麼高，所以固定每個節氣 Game Over 就會討論要回報什麼事情，還有我們菜園跟周邊事情的一些發現。其實主要是以圖片為主，然後補一些簡單的文字。」

宜蘭小田田對穀東的期待是「工作夥伴」，期待他們除了以金錢支持之外，也會積極參與生產過程，但是這個期待在首次插秧活動之後有所轉變，變為希望穀東可以成為「老主顧」。李威寰說，希望穀東不是單純的客人，是老主顧，就是很熟的客人。宜蘭小田田期待自己能夠長期經營，也期待穀東能夠產生黏著性。

老農轉型：阿公的米

當宜蘭小田田決定在農村自立耕田賣米之後，團隊成員開始思考除了可以提供穀東無毒稻米、為年輕人創造一個返鄉歸農的成功模式之外，他們還可以為農村做什麼？指導他們耕種的賴青松告訴他們，老農陳榮昌有從慣行農法轉為自然農耕的想法，需要有人投入

7 上下游 News&Market（新聞市集）成立於二〇一一年，是「新聞平台」與「產品市集」的結合，是一個關注農業、環境與土地議題的社會企業，訊息揭露方面聘請專職記者，也開放各界投稿，此外也開發農產品並提供對環境友善的產品的資訊。（網站首頁：https://www.newsmarket.com.tw/）

農務協助轉型。陳榮昌是宜蘭小田田的田地所在位置宜蘭縣員山鄉深溝村三官宮的主委，二〇一二年宜蘭小田田進行實習計畫時的兩分地中就有一塊是陳榮昌的田，當時宜蘭小田田就跟他有所接觸，當宜蘭小田田打算在宜蘭駐地需要租借農舍時，租了陳榮昌的房舍，自此互動就逐漸增加了。

當時（二〇一三年）高齡七十四歲的陳榮昌一生投入稻作種植，經歷過傳統農耕的年代，在一九五八年由於國家有缺糧危機，政府鼓勵農民使用農藥與化肥提高產量，時移世易，今日的台灣沒有缺糧的危機，卻一再爆發食品安全的憂患。為了讓孫子吃到安全的糧食，陳榮昌考慮放棄噴灑農藥、使用化肥的慣行農法，轉為自然農耕生產無毒稻米。但是若改為自然農法，不能使用除草劑、農藥，就必須要靠人工勞力拔草、除福壽螺、除蟲害等等，田間勞務量會大幅增加，對陳主委體力上頗有負擔（宜蘭小田田，2013）。

除此之外，銷售的問題對陳榮昌而言是更大的困擾，因為當改採自然農耕之後，勞動力大增，成本勢必上漲，無法用既有的管道像是農會或糧商來收購。生產成本較高，若是賣出去的通路農會或糧商不給比較高的價格，那麼從生產方單方面做轉型，就會碰到銷售方無法配合的問題。如何在成本提升後，能用提高售價的管道售出，是陳榮昌一直無法轉型的原因。

為了協助老農轉型，宜蘭小田田在銷售與勞動兩方面協助陳榮昌，吳佳玲說明用固定的價格，就是比糧商收購再高一些的價格，符合陳榮昌成本的價格跟他買。宜蘭小田田致力於減輕老農的負擔，希望在他轉型的過程中不要給他更多的負擔，轉型的同時在農法上面已經要付出很多的勞動力了，因此宜蘭小田田承擔行銷宣傳、包裝、出貨與銷售等商業活動。

當時，一般糧商跟農民買米的收購價是一台斤十四元左右，有機米的收購價是二十元左右，宜蘭小田田打算以一台斤二十五元的價格收購陳阿公的稻米。李威寰說，因為有機米本來就比較貴，小田田末端售價可以比較高，大概能賣一斤七十五元。依當時行情，在市場、超市裡銷售的有機米是一斤七十～八十元。因此儘管以較高價收購稻米，宜蘭小田田仍然對利潤很樂觀，認為收購二十五元賣出七十五元，是有利潤的。

宜蘭小田田將陳榮昌的稻米命名為「阿公的米」，透過自己的部落格、粉絲團、上下游News&Market等網站進行網路行銷，透過陳榮昌的生命故事感動顧客。陳榮昌種植的米和宜蘭小田田選用相同的品種，是台中秈稻，但是阿公的米並非以風險分攤的方式尋找穀東支持，而是以預購的方式進行銷售。

宜蘭小田田協助陳榮昌的同時，他們也得到陳榮昌很多的幫助與指導，舉凡種田、種菜、甚至地方上人情相處的一些「眉眉角角」小細節，都得到陳榮昌很多的幫助。對於幫助老農轉型這件事情，宜蘭小田田是以對等的態度看待，吳佳玲說道：「我不太喜歡年輕人進到農村就說，我是來協助老農轉型的態度，好像很驕傲，好像老農什麼都不懂，還要你來幫他。其實老農懂很多，只是行銷的部分確實不是他熟悉的，反而是我們要跟他學習很多農法上的東西。」在這段關係裡，雙方各自提供自己的資源，而不是上對下的幫助關係。

目標：年輕人與農村間的連結平台

年輕人進入農村，實質的改變了農村的氛圍，這群年輕人的存在本身，就為只有遲暮長者與黃毛孩童的農村增添了新的生命力。吳佳玲表示，年輕人進入農村本身即會攪動農村，農村常常有年輕人在走動，會比較有活力一點。

剛開始駐地時，村子裡的長輩默默的觀察他們，想知道這群年輕人到底是「來真的」還是「來玩的」。時日愈久，居民們開始發現他們似乎是認真來種田的，村中長輩開始逐漸認同宜蘭小田田，從主動的跟外地年輕人互動，到後來真誠的關心這群田間菜鳥，一路走來，宜蘭小田田逐漸贏得村中長輩的認同。吳佳玲說道：「譬如有時候天氣太熱了，他會說『唉呀，天氣太熱了，不要去田裡面工作喔。』他會開始有關心我們的態度出來。」

宜蘭小田田為陳阿公代售稻米的事情，在村子裡面也廣為人知，如同觀望這群年輕人是否真的要來種田一樣，許多人也靜靜的在觀望這批米到底賣不賣得出去，如果成功的話，或許很多人會想跟進。儘管背負許多人關注的壓力，宜蘭小田田還是期許自己能夠為農村帶進新的希望，也帶領台灣農村能有一場食物的健康革命，透過販售「阿公的米」，期待為深溝村的老農們帶來一個新的機會。

除了希望能為農村注入新意之外，宜蘭小田田也期待成為年輕人與農村的平台，提供年輕世代一條進入農村的管道，他們透過「舉辦教育宣導活動」和「打工換宿」來達到這個目標。在教育宣導方面的做法，像是承接學校機關的校外教學，以期讓更多人可以認識農村。二〇一三年與羅東高中、台北龍安國小合作，帶領學生到田間認識水稻耕作，也提供他們自己下田勞動的機會。與龍安國小的合作機會其實是透過賴青松的牽線，因為對方一開始是找到賴青松，然後賴青松詢問小田田要不要把握這個機會。

宜蘭小田田也直接開辦教學活動，與當地老農合作，邀請老農擔任解說員。例如，他們推出「宜蘭小田田農村學校計畫」，做為青年與農村連結的平台，讓更多的年輕人進入農村，向土地和老農學習，體驗「粒粒皆辛苦」的意義，此計畫獲教育部青年發展署「青年社區參與行動計畫」的補助（青年發展署，2013；蔡永彬，2013）。

在打工換宿方面，宜蘭小田田提供農舍供人免費住宿，相對的對方要提供勞力做為回饋，透過這個以物易物的交換過程，讓申請者有參與農事、體驗農村生活的機會。此舉一方面幫助人力短缺的宜蘭小田田團隊募得生力軍，一方面也提供經濟能力低的學生族群，到農村「旅遊」的另類旅行方案。參與打工換宿不僅能夠欣賞不同的風景，更能體驗不同的生活情境，也因此吸引了來自中國大陸和香港的年輕人，來到宜蘭邊玩邊工作，體驗台灣的田園風光。

傳承：農村的老中青傳承

大哥師父賴青松

賴青松是引領宜蘭小田田進入水稻耕作的世界的領航員，也是帶領他們進入農村的開路人。這群年輕人習慣喊他「青松大哥」，從二〇一二年的宜蘭小田田實習計畫開始，賴青松就是他們的指導老師，每週一次帶領他們捲起褲管踏入水田，指揮他們進行各式各樣的田間勞務。二〇一二年公視的「民意大講堂」節目訪問中，宜蘭小田田描述他們當時的學習方式是：「每週坐客運到宜蘭田邊，青松大哥叫我們做什麼，我們就做什麼。」那個時候的他們對農務尚不熟悉、也不了解，但是可以實際耕種的感覺讓他們感到很踏實，跟朋友們一起勞動的經驗，也讓他們覺得很快樂。

除了指導他們進行田間工作的方法之外，賴青松也開放空間讓他們自己去決定要怎麼耕種自己的田。例如，在處理福壽螺的問題上，宜蘭小田田原本採自然農法友善耕種的田地，不考慮施打農藥，以維護田中生態，保護蚯蚓等益蟲。他們一開始連苦茶粕都不施用，直到有鄰居來按賴青松家的門鈴抗議，因為在農村種田不能獨善其身，土地是相連的，各自的做法會互相影響到大家。因為他們的「不作為」，致使田間福壽螺猖狂，甚至影響到隔壁的稻田。面對這個情況，宜蘭小田田展開一番激烈討論，該全部施用苦茶粕呢？施用一半呢？還是試試看網路上說的放鳳梨皮的新方法？最後他們施用了苦茶粕，也有一部分的田嘗試鳳梨皮方法，然後田地也真實的反應不同的結果，前者稻米成功長大，後者雖然被吃掉很多秧苗，但是卻孕育出豐富生態。

宜蘭小田田第二年決定留在深溝村，以五人團隊嘗試種植水稻、自產自銷的青年歸農計畫。賴青松協助他們租賃到面積更大的田地與農舍，並且也把地主陳榮昌主委介紹給他們認識，讓他們協助陳榮昌賣米，也可以名正言順的向陳榮昌請教農事問題。

宜蘭小田田從賴青松身上學到很多東西，吳佳玲形容「他的東西都多到滿出來了！」向賴青松學的主要是農業上的知識，是農事的學習。因為小田田耕作的這幾塊田都是他之前耕作的，所以田的個性他比較了解。不論是年輕農夫賴青松，或者是年長農夫陳榮昌都一再向宜蘭小田田諄諄叮嚀「每塊田都有每塊田的個性」，吳佳玲解釋所謂的「個性」是：「比方說要去了解它的進水口、出水口在哪裡，哪個地方容易乾、哪個地方容易濕，哪邊福壽螺比較多、哪邊草比較容易長、會長什麼樣的草之類的事情。」

宜蘭小田田會向賴青松請教處理不同田地問題的方法，剛開始自立耕種時，因為太多事情不了解，常常與賴青松見面。從宜蘭小田田的農舍「小田田田寮」步行至賴青松的住處，只需要約五分鐘的時間。後來見面沒那麼頻繁，但是每天電話聯絡，透過電話詢問大大小小的問題，只要碰到問題，就打電話去問，如果他在就馬上回答，是一種很彈性自由的溝通方式，吳佳玲說：「每次如果有遇到狀況去找他的話，他跟美虹姊都會給我們一些心理上的鼓勵跟安慰，他會告訴我們很多事情都是可以這樣過去的。」

除了農事上的學習之外，賴青松對宜蘭小田田成員而言，更是景仰的典範，是這群年輕人一個夢想的代表，也是一個傳奇人物。李威寰說：「他的生命經驗太值得我們去了解跟認識，但是無法複製。因為他的個性讓他能夠做到這樣的事情，我個人來講雖然很羨慕，但是他的那種毅力跟勇氣是很難去達到的。」接著李威寰的話，吳佳玲說：「但是他可以鼓勵人心！他讓人家知道這樣的方式也可以進入農村，而且也可以活得很好。」

期許自己能夠成為青年返鄉務農的可複製模範的宜蘭小田田，雖然認為自己無法「複製」賴青松傳奇的生命經驗，但是也期待自己能夠同樣鼓勵人心，提供年輕人生涯規劃的新選擇。人說教學相長，宜蘭小田田卻一致謙虛的認為他們無法給賴青松什麼回饋，因為賴青松的內涵實在太豐富了。

但是多了這群年輕人，無形中賴青松就多了一批有力的生力軍，很多他本來想做的事情都可以做了，因為人手多了，就可以執行。賴青松深耕宜蘭的這十年中，對農村的夢想藍圖，在多了幫手之後，漸漸的可以成形，譬如讓老農轉型做無毒的米這件事情，他以前就有想過，只是說他一個人的經營模式不適合。如今這個擱置的計畫，既可以實行，又可以在過程中幫宜蘭小田田增加收入、建立人脈。

宜蘭小田田的五位青年，走入農村是自己的選擇，也是賴青松做為「鼓勵人心的典範」給他們的激勵。真心喜歡種田與農村文化的賴青松，打從心底希望年輕人能夠對農業和農村感興趣，甚至以種稻為業，讓這個生態圈可以持續運作下去，但是卻不願意太明顯的表現出來，江爲崙說：「他私底下是很希望我們務農，但是表面上就一直撇清關係，會一直說：這是你們自己的選擇喔！」

深知務農的艱辛，以及返鄉歸農需要的決心，賴青松希望他們是發自真心的自主選擇，而非因為別人的鼓勵或者為了滿足他人的期待，因而選擇種田。這番苦心，儘管他不說，宜蘭小田田的青年都接收到了，吳佳玲為這個情況下了個結論：「我覺得他是給我們一個機會可以進到深溝村來，可以租到地，可以種田。他給了我們一個開口，在後面隱隱的推我們，但是他也不敢推太用力。他就是給我們一個方向，讓我們知道農耕的可行性，譬如說面積再大一點可以維生，或者是可以幫農民賣米，給我們一些參考的方向。其實要怎麼做的決定權還是在我們身上。」

賴青松對宜蘭小田田成員而言，是一條進入農村的道路，透過他讓這群年輕人有機會實際耕種、在農村居住。當他們自己決定要自立耕種之後，賴青松幫助他們能夠真正「自立」，包括增加土地面積、尋找農舍和增加收入來源等等，幫助他們完成自己心中返鄉歸農的藍圖。

阿伯師父陳榮昌

宜蘭小田田與陳榮昌的接觸始於二〇一二年的實習計畫，當時這群實習農夫的兩分田中，有一塊地就是向陳榮昌租借的，二〇一三年決定要持續「宜蘭小田田」的耕種計畫後，透過賴青松的牽線，他們再一次找上陳榮昌租田地與農舍。隨後，賴青松又向宜蘭小田田透露，陳榮昌早有轉型自然農耕的想法，只是苦於銷售方式無法同步配合，詢問宜蘭小田田是否有意願協助他，因此開始了宜蘭小田田與陳榮昌合作的「阿公的米」販售計畫。有這些關聯之後，宜蘭小田田團隊成員與陳榮昌的互動就越發頻繁。

宜蘭小田田的年輕人習慣以台語稱呼陳榮昌「阿伯」，他們談起這位阿伯師父的時候臉上充滿崇拜的笑意。除了可以在每天的農事問題上解救他們之外，阿伯勇敢轉型的舉動更讓他們感佩，年屆七十四歲仍然有學習的熱情，吳佳玲說：「他自己其實也有很多嘗試，譬如他今年開始種無毒的稻米、也去幫人家管理有機的菜園，他開始嘗試不用農藥怎麼照顧稻子、怎麼照顧菜，所以在這個過程中就跟他學習很多。」

陳榮昌則謙虛的認為，在農業上要學習的東西實在太多，自然農耕法要怎麼使用肥料或天然驅蟲劑，他仍然需要一次次的實驗，儘管耕種到這個年紀，也不敢說自己可以畢業了，認為自己仍有不足之處，還需要持續學習，這樣的精神讓宜蘭小田田很感動（宜蘭小田田，2013）。

另一個讓宜蘭小田田感動的，是陳榮昌決定轉型的原因，他是為了讓孫子能吃到安心的稻米而毅然轉型的，他教導宜蘭小田田的年輕人，也是懷著這樣傳承的心。人口外流是台灣農村長久以來的問題，陳榮昌自己的孩子都還在宜蘭工作，只是沒有人承繼耕稻的工作了。吳佳玲說：「主委曾經跟我說過，現在我教你農耕，以後就換你教給我的孫子，那時候我真是超感動的。」

宜蘭小田田居住的農舍與陳榮昌的住屋相近，因此他們時常詢問他農事方面的問題，有很多小事情的「眉角」，陳榮昌會跟他們說怎麼做比較好，他會從在地的觀點去看待這些事情。田間勞務中有許多細微繁瑣的工作，比起書本上的農業知識，這些實戰經驗是更重要的武器。

菜鳥農夫幾乎天天都會遇到問題，吳佳玲描述他們一有問題就直接跑到主委家，只要他在就可以問，或是問阿姆（陳榮昌的妻子）也可以，或是就直接跑去田裡找他。不同於和賴青松的互動常使用「電話」，和陳榮昌的互動主要都是面對面的，隨著兩個老師的年齡與背景不同，也衍伸出不同的互動方式。吳佳玲說：「跟主委主要都是面對面的互動，不是打電話，因為跟老人家面對面會比較好。」

賴青松與陳榮昌都是宜蘭小田田認定的「老師」，可是兩個老師在他們心目中有不同的意義，李威寰認為這些老農的知識跟想法，更能夠代表台灣大多數農民的想法，更傳統一點。至於口中的「青松大哥」，他的知識跟想法比較是新的，小田田覺得跟老農夫學的更能夠達到傳承的意義，賴青松大哥對他們而言是年輕的農夫。

與陳榮昌的互動過程中，宜蘭小田田也常會帶新的資訊回來跟他討論，像是去其他地方上課之後得到的資訊。數位時代的年輕人生長在資訊爆炸的年代，熟悉現代資訊搜尋的工具，也習於接受新知，這個想法如何、怎樣調整比較好等等，他們會與陳榮昌討論，一起改良。

深溝村的信仰中心是祭祀三官大帝的三官宮，蓋廟的土地是陳榮昌捐贈的，因此他擔任三官宮的主委非常長的時間，除了擔任三官宮主委之外，他也是當地水利會的小組長，是很有影響力的人物，他的舉動也受到大家的關注。賴青松認為他是當地有「動能」的人物，他說：「歐吉桑在這邊是很先進的農夫，你看不出來，但是他勇敢的在第一年、第二年就把土地租給我，我就看出他是有動能的。」

陳榮昌是一位勇於突破、接受新概念的人，他希望台灣農業可以生生不息的傳承下去，因此樂意傳授農耕技巧，也願意將農地租給新農夫，對於宜蘭小田田這群高學歷碩士學生願意透入農耕，他決心「挺」他們（吳淑君，2013）。對陳榮昌而言，宜蘭小田田進入農村的行動為他點燃新的希望，對宜蘭小田田而言，陳榮昌是他們連接台灣農業浩瀚歷史長河的鑰匙。

農村裡人人是老師

除了賴青松和陳榮昌之外，宜蘭小田田認為代耕業者李漢奇也是他們的老師，教他們很多東西，而且因為他有插秧機，請他來幫小田田插秧的時候，會教他們怎麼管理田的一些小撇步。除了種植的問題，也有很多人際相處的眉眉角角，要用在地的脈絡去了解。各式各樣的事情，都讓這些外來的年輕人摸不著頭緒，吳佳玲說：「在農村每個人都可以成為你的老師，我常常跟他們（老師們）求救。」

宜蘭小田田居住的農舍在當地信仰中心三官宮廟前廣場的前方，這個居住位置正好在村子的社交中心點，這個地點讓他們備受關注，也給他們很好的機會融入村子，例如廟裡每個月農曆十五會舉辦兵將會，村民會準備食物酬謝廟裡的神明，是村內大型聚餐的場合，吳佳玲說：「我們頭幾次去吃，遇到村子裡面的很多人，然後可能就會被介紹說，這是來這邊做田的少年郎，後面就沒有再更深入了，可是那種聚會大家會打照面，雖然我們也只有微笑，叫一下阿伯、阿姆，就這樣。」

廟前也備有一台飲水機，大夥兒常常跑去裝飲用水，這也給他們許多和村民互動的機會，吳佳玲分享一個特別的經驗：「那天有個很有趣的，我只是去廟裡的飲水機那邊裝水，然後就剛好被一個阿嬤叫去吃『雞酒』，因為那個阿嬤她孫女生小孩了，她當阿祖了，所以就請吃飯。」

居住地點給宜蘭小田田成員很棒的機會，讓這些在當地沒有社會脈絡的外來年輕人，可以跟村子裡的居民有進一步的接觸，但是由於團隊成員的個性都很害羞，因此他們覺得自己並沒有妥善的利用這個機會，像吳佳玲那次特別的雞酒體驗，最後也以害羞的逃離現場結束，她靦腆的笑著回憶道：「我越吃就越覺得好害羞喔！覺得好奇怪！所以最後就還是回來了。」

居住的位置以及和陳榮昌的關係都幫助這群外地年輕人更容易融入村子，另外團隊成員們「輪轉」（台語，意指流利）的台語能力，對於融入農村也是一大助力，吳佳玲說，台語「輪轉」，老人家比較願意聊天，因為可以聊的話比較多。語言能力以及居住位置都幫助宜蘭小田田跟村子裡的人建立關係，為他們增添學習資源和社交網絡，而團隊成員的主動性是他們取用這些資源的關鍵。

耕種夥伴也是學習夥伴

宜蘭小田田的團隊總共有五個人，從宜蘭小田田實習計畫時期開始接觸農業，因此是一起從零開始學習的夥伴。當進入自產自銷的時期，駐地人員會透過臉書社團傳遞遇到的問題與學習到的方法和建議，大家再一起討論、一起學習。駐地的李威寰和吳佳玲之間，則主要是靠口頭傳遞訊息，李威寰認為他們之間是夥伴關係、會互相解惑。

團隊成員雖然彼此都早就認識了，但是二〇一三年宜蘭小田田的自立才算是他們第一次的共事合作，所以都還在摸索彼此的做事方法。大家一邊合作一邊磨合，由於原本就是朋友了，所以在共事之餘也很自然的會聊生活中的大小事，像是學校的事情、感情的事情，日常的學業或生活上的事情。宜蘭小田田從同樣關心農村議題、對保留農村文化有熱情的理念型夥伴，轉變為一起共事、耕種同一塊土地的創業型夥伴。

未來：青年返鄉的前奏曲

進入農村生活是宜蘭小田田團隊年輕人們過去共同的夢想，二〇一三年宜蘭小田田進入自己作主的型態，從生產、銷售、顧客服務、教育活動到出貨，生產過程和成本盈虧都由團隊成員自行負責，他們擁有各式策略的決定權，這份自由與驕傲也是他們一開始不適應的地方。江昺崙說：「我們一開始的習慣是比較配合組織做事情。但是來到這邊之後，凡事都要靠自己。剛開始賴青松會教我們要怎麼做，但是二〇一三年很多事情要自己來，我們必須自己決定方向，一直在想說要怎麼選擇、要不要做，這是一個蠻困難的問題。」

當真正進入這個場域之後，實際在其中生活、工作，這個「夢幻」的想像成為真實，才知道難處在哪裡，又可以做什麼調整來處理。在這個過程中，他們透過一次一次的討論，使用團隊共識的方式一起做決定、一起成長。

從農陣出發的實習計畫，到現在自己成為農夫，宜蘭小田田與農陣仍然維持緊密的關係，還是會參與農陣發起的社會運動遊行，並且在農陣的營隊幫忙，他們希望等自己的自產自銷狀況穩定之後，能回去將農陣的年輕人導引進來。李威寰與江昺崙皆表示，當慢慢的脫離農陣之後，就能返回去那邊找人進來，不過這是以後的事了。語氣中透露一點疲累，可見獨當一面的狀況，已經讓這群新手農夫手忙腳亂了。

宜蘭小田田希望青年下鄉之後，可以在當地做一些鄉村工作來弭平城鄉差距，其中他們特別關心青年人口大量外流的農村議題，他們很希望可以成為青年返鄉的代表性案例，因此他們認真的種田，努力的賣米。李威寰說：「我們希望年輕人進來之後，能夠讓大家知道其實年輕人在鄉村也是可以有工作做，而且也可以做得不錯。然後漸漸的年輕人願意待在鄉村，這樣城鄉差距才有可能拉近。」

宜蘭小田田希望自己能夠成為台灣青年回到農村的前鋒，當他們以自己的勇氣嘗試、勤奮耕種之後，感動人心的田田米能夠成為青年返鄉生活的前奏曲，讓更多的年輕人回到農村，在親近土地的地方譜出自己的獨特樂章。

後記：有田有米的蛻變

二〇一三年宜蘭小田田解散，團隊夥伴們分別投入不同的人生階段與工作，例如當兵、求學深造或是為其他的農村議題努力，大家在不同的地方各自奮鬥。但小田田成員之一吳佳玲，在二〇一四年與陳榮昌、謝佳玲共組「有田有米工作室」，在經歷兩年的宜蘭小田田計畫之後，儘管農人父母仍然反對，吳佳玲卻愛上了農村的人情和種植稻穗的充實。農村深耕兩年後抹去返鄉種田夢幻的色彩，吳佳玲知道這份工作的辛苦，以及農村社會網絡與都市生活方式的不同，反而讓她更堅信自己要「加倍務農」。

因此吳佳玲與阿伯師父陳榮昌合作，加入了原本是宜蘭小田田穀東的謝佳玲，三人共組「有田有米工作室」，延續風險共同分擔的穀東模式（有田有米，2014），並且由環境教育專業的謝佳玲負責教育宣導活動，吳佳玲主要負責耕種工作，他們擴增耕種土地到三甲六分地，讓友善耕種的無毒稻米進入更多家庭的餐桌。這個案例的發展，不但是宜蘭小田田精神的延續，也代表穀東俱樂部模式的擴散。

第三篇

黃聲遠的師徒個案

第一章　黃聲遠水舞田中央的故事

成長：出類拔萃的叛逆

初訪田中央聯合建築師事務所，正值盛夏七月末，只見黃聲遠穿著輕便的無袖汗衫、運動短褲與涼鞋，舒適的衣著和從容的氣度，有種於尋常家中客廳見面而不是在公司裡的錯覺。這樣一位不拘小節的人，生長在父母都是教師的外省家庭，他一路上循規蹈矩、以優異的成績升學（萬蓓琳，2004；黃國治，2008）。

大學時代就讀東海大學建築系對黃聲遠有深遠的影響。東海建築系的教育目標定位在培育建築創作菁英，而非建築技術人員，因此重視設計的原創性，並且以開放自由的教學環境鼓勵學生發掘並發展自己的個性。黃聲遠求學時代的東海建築系以小班教學為主，每班三十五~四十人為限。由於校區位於偏遠的大度山區，師生多以住校為主，因此師生之間有很多互動的機會，學生們甚至會一夥人大半夜去找老師聊天，培養出緊密的師生關係。

東海建築系師生不只認定自己是創作菁英，而且是又會玩又會讀書的菁英，因此建築系學生熱衷參與校內各項事務與學生社團（楊大毅，2005；趙如璽，2012）。在鼓勵學生們體驗生活的學風中，黃聲遠於大三時擔任學生會會長，曾帶領同學們從事許多活動，例如抗議學校砍相思樹建停車場、合併系大會成大型煙火舞會等等。大學時代黃聲遠有很多的體驗與開創，最後以全校第二名的優異成績畢業（萬蓓琳，2004；楊大毅，2005；羅時瑋，2003；黃國治，2008）。

東海建築系標榜「菁英」教育的同時，也注重社會關懷的培訓，除了建築專業相關的課程之外，也加入社會學、經濟學和哲學等必修課程，培養學生的入世精神。為了讓學生體驗社會，系上安排學生與老師從大度山到台中市區的校外教學，這個經驗讓黃聲遠體會到社會與個人是緊密相關的。以社會為己任的東海校風，反映在他作品的選擇與設計上，他特別關懷社區居民與弱勢使用者的權利，以及為社會大眾服務的使命感（楊大毅，2005；黃國治，2008；馬岳琳，2009）。

大學裡面認識來自不同地方的同學，與人相處的碰撞經驗讓黃聲遠更深刻的體會社會的複雜本質。一次收班級旅行費用的經驗，震撼他原本的價值觀，面對不交錢、不去的同學，他當下的直覺反應是認為這些人「不合群」，卻沒想到他們可能有經濟的困難。黃聲遠從同學們身上看到以前沒有接觸到的社會現實，也透過與一票好朋友們到處遊玩的過程觀察在地地景，那時候他常到農地看燒磚窯、去不同的村莊尋寶，開啟他日後對在地社區實地訪查的興趣（楊大毅，2005；黃國治，2008；馬岳琳，2009）。

職場：專業分工的震撼

一九八六年大學畢業後，黃聲遠依照當時的規定服兩年兵役，一九八八年退伍後進入台北的宗邁建築師事務所工作，大型事務所的工作方式講究效率和準時交案，因此將每個人精確分工。在事務所裡，黃聲遠除了做些設計發想，大部分的時間都被安排在施工圖部門畫圖（楊大毅，2005）。黃聲遠曾對這段經驗有過這樣的描述：

「那種非常大的辦公室，裡面分工都分得很細，那時候就是整天在一個隔間裡面一直畫圖、一直畫圖，連曬圖和倒垃圾都會有專人幫你做，覺得自己好像變成殘廢了，連垃圾都沒有辦法自己倒，還要人家幫你倒。」

這樣的工作型態無異是一次巨大的震撼。黃聲遠深刻體驗到這不是他能夠適應的生活方式，在家人的支持下他赴美攻讀碩士學位，於一九八九年進入耶魯大學建築研究所（楊大毅，2005）。

赴美：發掘自己的潛能

耶魯大學有悠久的歷史，並且累積了許多有形與無形的資產，不僅校園內有許多獨特的建築，更擁有許多名家興建的建築。耶魯的建築教育著重透過多元辯論與意見交流來引導學生，認為建築教學是思想與風格的展現，協助學生挖掘自己的潛力，引導學生勇敢走向未知（楊大毅，2005）。耶魯大學建築研究所一年只招收八名學生，因此學生可以得到充分的資源與機會（趙如璽，2012）。黃聲遠在耶魯求學期間表現優異，曾獲得耶魯大學一九九一學年度畢業榮譽獎等獎項，並代表美國參加威尼斯建築雙年展。第二年下學期設計課黃聲遠選擇 Eric O. Moss 做為指導老師，畢業之後前往老師位於加州科維市（Culver City）的建築事務所工作（楊大毅，2005；楊齡媛，2005；趙如璽，2012；金城，2014）。

在南加州 Eric O. Moss 建築事務所工作期間，黃聲遠參與許多重要的建案，與國際上優秀的人才們一起工作。楊大毅（2005）將這段時間的經歷帶給黃聲遠的影響歸納為三點：首先，Moss 是在地生長的洛杉磯建築師，而其事務所的建案有八〇%以上都在所在地科維市境內，Moss 善用在地成長的優勢，從空間設計出發，思考建築對都市與文化的影響。其次，當地私人贊助者願意支持前衛建築的風氣，是洛杉磯的前衛設計師能夠實踐創新的重要原因。最後，黃聲遠與 Moss 主要是透過模型討論設計。這段經驗更重要的是為黃聲遠打開了自信的大門，Moss 忠於自己的選擇長達十六年之久，這也堅定黃聲遠選擇自己要做的事情，誠實面對自己也面對別人，因此後來才有機會遇到真正欣賞自己的人，得到施展抱負的機會（王俊雄、王增榮、黃聲遠、郭文豐，1998；楊大毅，2005；趙如璽，2012）。

返台：落腳宜蘭的選擇

黃聲遠離開 Eric O. Moss 建築事務所之後，曾到北卡羅來納州立大學（North Carolina State University）建築系任教，後於一九九四年返台。出國前對台北建築事務所不適應的黃聲遠，回到台灣之後希望進入教育領域，先後在幾所大學任教（楊大毅，2005；楊齡媛，2005；金城，2014）。一九九三年黃聲遠的父母移民加拿大，他卻決定回到台灣（非常人語，2007），他回憶道：

「你知道我們這種外省第二代，父母都會覺得台灣遲早會完蛋，要趕快出國，那時候我要回來他們也很掙扎，但他們沒有擋住我，只是問我，我是不是真的喜歡，也許我回來看家的話，他們出國就更放心、方便了。」

因此在父母的支持下，他隻身回到台灣。

大學一票好友中影響黃聲遠最為深遠的是來自宜蘭農村的陳登欽，黃聲遠在許多的採訪中都表示他喜歡陳登欽直爽的性格，認為這是很真實的人際互動方式，因為想要長久相交，所以真實相對。升大二的暑假，黃聲遠隨著陳登欽第一次造訪宜蘭，就此開啟日後與宜蘭的不解之緣。後來因為陳登欽的引薦，自美歸國的黃聲遠加入宜蘭城市設計的規劃團隊。當時宜蘭縣政府渴望打造結合國際品質與在地文化的宜蘭地景，以建立地域認同為目標，推動一連串地景改造的計畫，那時任職於宜蘭縣建設局的林旺根邀請黃聲遠參加一連串的城市設計建設案的討論會議。黃聲遠選擇留在宜蘭而非台北，關鍵的原因是宜蘭縣政府開放的政策方針，給予空間設計的相關專業者一個能夠大膽實驗理念的機會（楊大毅，2005）。黃聲遠曾在採訪中表示：「回來本來也沒有要搞事務所，只是想找個乾淨一點的環境做些跟創作和教育有關的事情，再加上宜蘭的公共工程品質，就覺得宜蘭一定真有些機會。」（王俊雄等，1998: 38）

不難看出，黃聲遠選擇宜蘭的原因是老友陳登欽，以及這裡有能夠「做事情」的機會，加上黃聲遠喜歡宜蘭的風土人情，也希望自己的孩子能夠在這樣的地方成長而定居宜蘭（楊大毅，2005；非常人語，2007；馬岳琳，2009；金城，2014；施禔盈，2014）。

宜蘭提供懷有入世精神和為大眾服務的使命感的黃聲遠透過設計公共建設的機會，達到為更多的人創造快樂的目標。不過，黃聲遠也是真心的喜愛這片土地迷人的面貌，他喜歡這裡爽朗的人情和遍布的稻田。曾經在田中央實習的楊大毅和在田中央工作的葉照賢不約而同的提到宜蘭可以滿足黃聲遠對浪漫的追求（楊大毅，2005；非常人語，2007）。宜蘭對黃聲遠而言，可以讓他實現建築就是生活的目標，他曾說，自己來宜蘭的初衷，是讓工作與生活在一起。「感情」是黃聲遠心中最重要的核心價值，在宜蘭他有很多的時間可以跟家人相處，這裡讓他可以每天跟太太、小孩一起吃午餐、晚餐，而且不論要上山或是下海，都是十五分鐘車程內可以享受到的生活品質（非常人語，2007；施福盈，2014）。

二〇〇二年《遠見雜誌》的訪問中，黃聲遠稱宜蘭人是「最開明的業主」，正是因為有這群認同他理想與價值觀的居民與政府，他才能在這片土地上由點到面的打造一片創意建築地圖（楊永妙，2002）。

表八　黃聲遠生命年表

時間	事件表
1963 年	出生於台北
1981-1986 年	就讀東海大學建築系 大三時擔任學生會會長
1986-1988 年	義務兵役
1988 年	任職於台北宗邁建築師事務所
1989-1991 年	攻讀美國耶魯大學建築研究所 1991 年競圖院長獎（Dean's Prize, Yale All School Competition, 01/91） 1991 年年度畢業榮譽獎（Eero Saarinen Memorial Scholarship, Yale Homorary Award, 05/91） 1991 年 8 月受邀參加威尼斯雙年展第五屆國際建築邀請展
1991-1993 年	任職於指導教授 Eric O. Moss 的建築事務所
1993 年	任職於美國北卡羅來納州立大學建築系
1994 年	遷居宜蘭
1994-2012 年	創立黃聲遠建築師事務所
2012 年迄今	改制更名為田中央聯合建築師事務所

第二章　工作就是生活：田中央

田中央聯合建築師事務所如同其名，位在稻田中央，在事務所裡可以看到稻田四季的變化，宜蘭稻作是台灣唯一「一年一穫」的地方，收割之後田中央工作群會在田間舉辦講座，體驗田地的溫度，真正地在田中央生活（馬岳琳，2009）。在這個地方，黃聲遠實踐了「工作就是生活，建築就是生活」的理念，帶著一群年輕建築師一起發掘自己、發掘土地，建造更多自由的可能。

進入田中央

「田中央」這個既詩意又有特色的名稱由來也有一個有趣的故事，黃聲遠說，它來自田中央會計塗淑娟的文字：「以前我們有個展覽，每個人來寫給十年以後的同事，然後就變成一個展在當代館展。裡面會計寫的一個文章我覺得還不錯，剛好那年我們得了一個建築獎，我又沒時間寫感言，覺得她這篇蠻符合的，就把這篇丟出去，被刊登出來。她的文章就寫我們搬來搬去就搬到了田中央。後來我們有個棒球隊，有一次出去比賽他們把名字寫田中央，那時我在國外，回來的時候才發現『我們怎麼變成田中央了？』可是看起來大家都很喜歡，就，管他的！」田中央的命名來自成員們所有人的貢獻與喜愛，也符合他們在地深耕的態度。

田中央聯合建築師事務所從黃聲遠一個人開始，兩個人、三個人，慢慢的增加到現在大約二十五人的規模。進入田中央工作的人，有些是實習之後留下來的，有些則是一個帶一個的介紹進來。田中央每年開放暑期實習機會給學生，每年大概有三、四十個人提出申請，最後大約有十幾名的實習生來到田中央。黃聲遠認為這個「選朋友」的過程很掙扎、也很痛苦。

對於進入田中央實習的學生，事務所要求他們至少要停留兩個月的時間，讓實習生們能夠接觸比較多不同的實務內容。但進到田中央的人並不能保證他們都喜歡田中央的工作方式，都能夠適應這裡的「特別」。田中央想讓青年認識自己，學生們也想讓自己被認識，彼此互相選擇的過程不可能一帆風順，因此只能「努力不懈」的追求。經過數次實習，如果有緣最後還是會順利進入田中央，通常新來的人會在田中央提供的免費宿舍裡面居住至少一年到一年半的時間，宿舍就在事務所的樓上和旁邊，黃聲遠說：「在事務所樓上就可以住五、六個人，平常是兩、三個人，暑假就變成四、五個人，另外我們的宿舍區就在旁邊。這是大家有需要就增加出來的。我爸媽明年[8]要回台灣定居，所以在事務所旁邊幫他們蓋一個房子，那個房子也蓋了四個年輕人可以好好住的宿舍，就是讓我爸媽也可以跟年輕同事及學生住在一起。我家上面現在就住了四、五個學生。」

黃聲遠把事務所成員當成家人看待，因此很自然的也就居住在一起。住宿幫助田中央的新成員更容易熟悉團隊成員，也更容易進入狀況，能夠有更多彼此學習的機會，因此住宿就逐漸成為田中央的傳統，另外因為暑期工作營的需要，所以新宿舍供不應求。

田中央住宿區的內部與田中央事務所的風格相仿，很重視自然採光，使用的家具大多具備多種功能的用法，例如有些隔板既可以當隔板又可以當桌子，如果有其他巧思的話，更能變化出不同的使用方式。床位的設計也是既兼顧個人隱私，又促進成員間互相討論、串門子的需求，整體而言是很特別的宿舍設計，與一般學校裡面看到的規規矩矩的學生宿舍大不相同。宿舍距離事務所是走路可以到的距離，和事務所一樣與稻田很親近，可以感受到宜蘭四季的面貌。成員們平均居住在宿舍的時間是一年到一年半，離開的原因很多都是因為結婚的關係，新的生活需要新的生活空間，宿舍裡面也有結婚後仍然保有一席之地的成員。這群人生活在田中央、工作在田中央，他們貼近土地，也貼近彼此，一起工作也一起生活。

8 二〇一六年黃聲遠雙親已經在台灣定居，當時訪談的時候是二〇一三年。

喜歡，才留得住

經過層層篩選機制之後來到田中央的人們，是不是能夠適應這裡的工作方式，到底能不能夠留得下來，黃聲遠也不知道確切的因素，但是他給了一個簡單而有力的答案：

「我講一個最簡單的事情，如果他不喜歡我，可能就待不下來。就是他喜歡我，我喜歡他，就這樣……。如果你問我說這裡面這麼多的人他怎麼待下來的，不一定是說要喜歡我啦，但是一定是在這裡面有一些人他很喜歡，他覺得就是喜歡、就是快樂。我想一定是這樣，因為我想不出其他的可能。」

發自內心的「喜歡」是人們尋找工作時最深層的渴望，所以一旦被田中央吸引就願意長留於此。儘管黃聲遠認為他自己也不清楚篩選時挑選的人格特質，但他發現在田中央的成員個性都「蠻安靜的」。黃聲遠猜測個性安靜的原因，是因為他們都是有自信而且有自己想法的人，「可能是因為我本身比較喜歡自己有主見的人，自己有主見的人通常都不會很吵。他會常常在想自己的事情，對周圍的事情會有自己的反省或者是會有些懷疑，我就覺得他可能很多時間在想。我比較喜歡他有自己的看法、他會反應他不喜歡的事。……本質上至少他們沒有故意歡樂，沒有故意，所以我覺得他們有一定的自信，就是別人有沒有看到他，他並不會太在意。」

黃聲遠認為人會一直吵，是因為他們面對要變成「一樣」的壓力，或者他們想要爭取一些什麼，那樣的人會吵鬧，安靜的人反而是真正對大環境放心的人。儘管田中央的成員們個性安靜，但是在安靜中每個人都呈現出自己鮮明而獨特的個性，黃聲遠很肯定這個看似沒有規則卻使每個人「面目鮮明」的和諧。

田中央多年來沒有設立「總機」一職，這個事務所也沒有資料管理系統。田中央裡面有些有意思的「傳統」，但是這裡沒有什麼「規定」，更遑論「制度」，這是領導團隊有意為之的結果。田中央不需要太多的「規定」來維持秩序，這裡重視的不是把事情做完，而是讓人可以活得很開心。黃聲遠說：「因為『制度』這個事情，我一直都覺得說得簡單，可是通常都很機械。老實講我們這麼小的公司，其實大多數的事情不必用那麼多規定。……我們只是想要找到一個好方法，讓大家都可以活得很高興。」

在這特別的地方，可以自由而自然的為理想工作，這麼多的「特色」讓這群在田中央工作的人也「特別」起來了，黃聲遠說：「我也偶爾會聽到這裡的人說，他去參加同學會，覺得自己跟以前的同學們格格不入，人家覺得他怎麼會在做這個事，他也覺得他們莫名其妙。……反正還好，還好這個世界我們可以自由選擇。」

好在台灣給了他這個自由，而宜蘭成全這份自由，讓田中央可以去實踐。在田中央混亂的和諧中，大家的關係非常緊密，每個人都很重要，因為每個人都影響全體。黃聲遠表示：「多一個人就會有點不一樣，少一個人也會有點不一樣，每個人都很重要。」

快不起來的速度

田中央這名字有詩意的從容，這裡工作的速度也和稻浪搖曳一般的婉約。在田中央沒有追求效率的壓力，因為效率不是田中央最重要的事情。為了讓每個人有更多的成長，花再高的成本與代價都值得，因此在田中央工作的建築師們，面對的壓力不是來自節省時間、追求效率，而是來自追求更多的善意與追求大眾生活的更多可能性。

田中央快不起來是因為黃聲遠就是個體質上快不起來的人。黃聲遠相信年輕人能夠想出更好的方案，因為相信，所以他願意用開放的方式引導，並且花時間等待年輕人突破思考的困境，而不是直接下指令，讓大家朝著他期待的方向運作。不發號司令的黃聲遠不會在事務所召開大型會議，他形容自己在事務所是「應召」的身分：「我比較是應召的啦，他們會來叫我。你沒看我剛剛走回去工作室，就一群人來問東問西。趁空檔，他們問我，我就回答，我有什麼需求就趕快跟剛好在身邊的人講。同事們都很保護我，如果看我專心在做事情的時候，就不會來吵我，你看我連電話都很少，他們通常都是會幫我過濾掉所有的事情，等到我進事務所再把蒐集的資料跟我講，所以你看我沒有接到任何電話。」

這樣彼此配合、互相幫補的工作方式，是田中央裡面自然的工作韻律。使用「多聽」方式的黃聲遠，在事務所的會議中往往是靜默的，他說：「我都在那邊聽而已。我不太敢亂講意見，因為畢竟他們會……你知道，到了這個年紀你就最好不要亂講話，因為你講的話別人都會覺得你是深思熟慮的，其實也不見得，我也不過跟大家一樣。」

選擇靜默是因為知道自己的侷限與影響力，但是在會議上不講話的黃聲遠，會藉由其他的方式傳達自己的想法：「我比較有興趣的事情我會丟出來跟大家討論，所以我會私下跟旁邊的人講，然後讓大家去討論，這樣就比較不會有我一說了之後，事情就卡到這個方向了，我不太喜歡這種方法，太正常就不太好玩了。」透過間接的方式提出自己的想法，也透過邀請的方式鼓勵每一個人參與，讓事情的走向不會因為他的想法而凝固。

田中央的工作很重視在地的意見，因此會花很多的時間收集學者、專家、在地居民的看法，然後內部也會有很多的討論與協調，因此很多來訪問田中央的人都會提出「如何創造溝通的氛圍」之類的相關問題，黃聲遠有點無奈的說：「我覺得他是把真正的、深刻的目的，跟短時間的策略或目的混為一談，所以才會有這個問題。根本就不應該有這種問題啊！我哪有什麼跟人家意見同不同的問題，當然不同啊！從長時間來講就註定不同。所以他們問的這些問題，根本上不存在。」

正是因為知道每個人都是獨特各異的個體，因此能夠平靜的接受彼此擁有不同的意見是很自然的事情，如同公共建設最好能保持開放並且從容的接受矛盾，同時展現樂在其中的胸襟。田中央的工作方式在速度上雖然快不起來，但是卻紮實的容納眾人的力量，穩定的朝創新邁進。

二十個老闆

田中央聯合建築師事務所的主持人是黃聲遠，執行長是杜德裕，但是實際經營這間事務所的是裡面所有的成員。與一般組織「指派工作」的方式不同，田中央內部的工作分配有點「公開徵婚」的意味，就是將新工作公開出來，由有興趣的人承接。黃聲遠說：「我也不知道誰忙誰不忙，我們通常有一個新的事情就會拿出來談談，讓大家都知道這個事情似乎好玩，我們可以做，那就讓大家看看、想想。如果看了半天都沒有人想要做的話就算了。」

當願意承接的人出現之後，田中央的成員們會協助他「能夠承接」這份工作。從一份新工作出現，到知道誰會負責它，中間有一段時間差，因為要仔細思量又得互相協調，一來一往的就需要時間的包容，最終的結果都是由大家互相「喬」出來的。工作分配當然可以有比較快的方式，但是黃聲遠認為這「喬來喬去」的過程更為自然：「當然比較快的方式就是我跟小杜跟楊大哥，就我們幾個老的先討論一遍，事情『可能』會這樣，但是也不見得我們講了就會變成這樣，因為每一個同事也未必有空。他沒空你也不能硬逼他做出來，如果他做不出來你想也沒用。」所以在田中央工作的分配是自主追求的公開徵婚，而不是老鳥指定給某人的「指腹為婚」，黃聲遠笑著下了句結論：「反正我們都已經長成這樣了，滿愉快的啊。」

田中央的財務管理是公開而透明的，因為所有公共建築的合約都是公開的，所以薪資結構也半公開了。田中央的薪資發放標準有一套從創立以來的發展規則，主要是依照年資比例和職務承擔的分量，但是最終決定仍然有賴老鳥們的討論。

認為自己對數字不在行的黃聲遠，覺得由自己一個人控制財務的話是很危險的，因此他很滿意現在「二十個老闆」的狀態。由於薪資結構公開、建案合約公開，所以大家大概都知道事務所的財務狀況。這種更多人一起幫忙看的狀態，讓黃聲遠更加放心，也就是因為有大家的幫忙，所以這個以公共建案為主的小事務所，二十年來沒有遇到發不出薪水的窘境，這是黃聲遠認為很神奇的事情。

儘管這二十個老闆都關心田中央的財務狀況，但是他們在田中央工作的重點不是薪水的數字，因為這裡的起薪還是比台北等都會地區低，這些「老闆」來到田中央追求的是人生的品質。黃聲遠說：「講到錢這件事情，我覺得我唯一有貢獻的是，年輕同事大體在觀念上來講，慢慢懂得財務自足。他們每個人的人生上面財務自足，田中央提供的是一個綜合型的生活品質。我們這邊的資訊跟人脈都是完全開放的。」

在這裡有一群一起追求夢想的夥伴，身邊就有自己可以學習的對象，能夠在稻浪間工作，累了就去湧泉跳水，還有許多工程、結構的顧問跟學長姐的網絡，這些都是比金錢更吸引這些老闆的「收入」。某方面而言，這些年輕人也許比很多同年紀的人富有，黃聲遠認為：「說不定他們跟自己同年紀的人比起來都滿有錢的耶！他們每個人都有一棟房子耶，房子你們年輕人有嗎？」因為很早來到宜蘭，喜歡上了這裡的環境之後，父母協助在這邊置屋，經過這些年宜蘭房屋增值不少。田中央的待遇也許不比都市裡的大型事務所，但是黃聲遠有信心在這裡工作的人可以得到的比錢更多。

關懷社會的使命感

自由是黃聲遠一直在奮鬥的目標，生長在戒嚴時代的他，認為自由是需要努力才能維持的。追求自由的使命感成為黃聲遠重要的動力，一直以來，黃聲遠的建築作品也都在關切這個議題，他說：「建築本身就是在做這件事情，我們之所以做這麼多公共建築就是跟這個（指自由）有關。」

除了追求自由之外，黃聲遠的建築設計也很重視人民「選擇」的權利。因為相信選擇的權利，所以黃聲遠在設計公共建築的時候很重視廣大的使用者和潛在的使用者：

「那些潛在使用者他們很倒楣啊，以前提供的東西，並沒有讓他們有使用的機會，那些本來想用的人沒辦法用。有些人一直在把持才是可惡的。所以對公共建築，我們下手會比較大膽一點，我會先判斷說，有可能很多人、潛在的那些人都是被壓抑，我們能不能給他機會。」

這種大膽為潛在使用者請命的舉動，有時會影響到既得利益者的利益，因此黃聲遠時常要面對各式的批評。他舉一所在國小內為兒童量身打造的兒童用體育館為例：「那是個給小孩子的，所以把尺寸做得小小小，小到讓大人簡直沒辦法用的一個很可愛的兒童小巨蛋，這個事情顯然就會有人不爽。你看那些想在裡面打羽毛球的老師，他們是不是就會不爽。」

儘管這個設計會招致過去的使用者的批評，但是他還是堅持兒童有機會優先使用屬於自己的運動空間。為了捍衛多元的價值，他背負許多的批評與壓力。另外，再以得到許多獎項肯定，曾舉辦金馬獎的羅東文化工場為例，該建築物費時十四年才完工，這十四年來經歷政黨輪替、預算問題，以及建築設計隨著時代需求不斷的修正改良。漫長的工時引來民怨，讓黃聲遠堅持下去的動力是內心的善意，還有想為公眾提供更好的建築的心意，他說：「年輕人想要提供一個好的，可是大家都不相信這件事。但是沒關係，我們可以等。如果可以做出更好的來，請做、請提供。可是大家都只是在罵而已。……那到後來就還是讓我們試試看。結果你看現在蠻成功的啊！」

認為宜蘭是自己的家的黃聲遠，認為這是在為自己、為這片土地的人打造一個更好的地方，因此可以堅持下去。他說：「說實在話真的也沒關係，因為畢竟是在宜蘭啊，是我們大家自己要用的地方，如果我們建議的事情是對的，它總有一天會被完成。如果我們想錯了，那就等啊。那總比沒有想要好。雖然邊想邊做就做了十四年。」

他把握每一個做事情的機會，為這片土地帶來更多美好的可能。黃聲遠與田中央的很多作品都費時甚長，並且總是不怕一改再改。黃聲遠希望大家去相信什麼事情都有可能，這是最關鍵的，也是最核心的部分。他認為建築不是僵固的，是有可能性的，能夠隨著時代、隨著大眾生活的轉變而改變。由於公共建設的使用者為數眾多，因此黃聲遠早就知道不可能使所有人滿意。儘管要背負不喜歡的人群的情緒反彈，他仍然對這個部分樂觀看待，正因為是擁有自由的社會，所以這些聲音能夠被聽見，也因為是多元的社會，所以會有不同的偏好。黃聲遠與田中央的作品不是為了取悅任何人，也不是為了讓大多數人「喜歡」，他們追求的是讓大家看到更多的可能，因此每一次的討論與決定都是由這些「善意」出發：

「每一次的決定都是先想到別人，我們內部大部分的討論都是這樣的主題，一般人可能不知道，乍聽起來好像都是技術上的討論，像是樑要多細啊、位置在哪裡啊，可是它背後隱藏的價值是：我可以透過這個提供多少新觀點、人在這裡面有沒有什麼可能性。」

成長在戒嚴時代的黃聲遠，認為過去的時代「爛透了」，因此他相信未來是更好的，他也努力要邁向更好的未來。為了前進未來，他透過不斷的行動往前行。黃聲遠也相信年輕人的力量，因此在田中央裡面與許多年輕建築師一起工作，邀請他們、也被他們帶領，幫助他們實現自己未來想像的同時，也是幫助自己前進一個更美好的未來。

第三章　風乎舞雩：黃聲遠的師徒傳承

傳承：是啟發生命的潛力

提起「傳承」二字，大部分人聯想到的是學校裡面教師從事的教育工作，或者是在技藝工坊內老師父傳授技藝給徒弟，本書所指的「傳承」除了前述知識與技能傳遞的意義之外，也包括師者為徒弟帶來的心靈啟發，及師徒關係所衍生的職涯發展、心理社會與角色楷模等功能。黃聲遠對「傳承」的想法與一般人有些不同，他直接表達對這兩字的反感與否定，他說：「我其實很不想教誰什麼東西，我不但不想教誰什麼東西，而且我不太喜歡這個概念，所以『田中央』的存在根本就不是為了傳承這個理由。」

黃聲遠直接的表達自己不喜歡狹義的「傳承」概念，來自於他對自由的追求及對未知的開放，更重要的是他相信要讓每個人的潛力被發揮，而不是照著老師的指導前進。這其實可溯源自黃聲遠的學習歷程：東海大學開放自由的學風，建築系以培育建築界創作菁英為教學目標，同時也重視培育學生的社會關懷。黃聲遠在大學裡，從同學身上看到以前沒有接觸過的社會現實，開啟他對於探究地區的興趣與習慣。他在耶魯大學的學習歷程中，不但在校園內親身接觸名家建築，因其建築教育著重於多元辯論與意見交流，鼓勵學生挖掘自身潛力，引導走向未知，這些都對黃聲遠產生非常深遠的影響，也成為他培育下一代的重要基石。

黃聲遠對「傳承」的質疑其來有自，如果一代傳承一代而沒有進步，如何面對問題越來越多的環境？生長在戒嚴年代的黃聲遠，經歷過太多權威的壓迫和限制，那個年代社會意識對「人」的樣貌有很明確的期待，認為成為什麼樣的人才是「好」的，例如念「好」大學、找「好」工作，這些的「好」都由權威定義了，也相對產生限制。因此黃聲遠認為，在上位者的主體性應該要消失，要把對「好」的定義和追求自己未來發展的權利，都還給學生，他說：「我覺得傳承的定義是那個『師父』的主體性要消失，我不太喜歡的是，傳承是延續師父個人想法的那個概念。」

黃聲遠不同意的「傳承」定義還有另一層意義，就是傳承的方式，他認為不應該只是單純的教學指導，他並沒有興趣教同事怎麼做建築。黃聲遠心目中的「傳承」應是充滿啟發性的，他說：「如果你覺得找到了美好的事情、並且在意、尊重、喜歡它，這樣的事情叫傳承的話，那ＯＫ啊。就是說傳承是一種比較自由的信仰。」

在這樣的前提下，黃聲遠認為自己的生命是一個案例，他展現出建築與生活結合的可能性，現在田中央這個做法，使得人跟建築沒有分開、建築跟生活沒有分開，建築沒有被變成另外一個沒必要存在的新領域，在那邊自我膨脹，也就是建築跟人的生活是沒有差別的。黃聲遠相信自己的例子，能帶給年輕人啟發，因此他十幾年來風雨無阻的前往許多大學為學生上課，他說：「我這樣跑的目的，其實是希望他們自己本身對自己更有信心，就是別的老師說他多麼的不好都沒有關係，因為未來是在他自己手裡的。我認為這件事情很重要，我也很願意做這件事情。」

為了成就「建築就是生活」這個理想，黃聲遠與田中央一路走來篳路藍縷，有美好的果實和各方的肯定，但是也經歷許多的挫折與攻擊。能夠持續前行是倚靠單純的相信和勇敢的堅持，因此他願意和更多學生分享，讓自己的生命案例成為對正摸索未來的年輕人的鼓勵。田中央全名是「田中央聯合建築師事務所」，同時也是田中央建築學校，不過田中央建築學校的名稱，不是來自黃聲遠的構想，他說：「其實田中央建築學校並不是我要的，是別人那樣叫的，但是我也不反對。這個至少比一般來講的『事務所』更靠近事實一點，它確實是比較像學校。」

在這所學校裡面，建築相關的技術會被傳承下來，但是這只是短程的目標，真正的重點仍然是「啟發」，黃聲遠並沒有意思要傳承建築技術，可是在過程裡面自然會去傳承技術的部分，技術的傳承是為了建立年輕建築師的信心，讓他們更有信心去發掘自己生命的潛力。黃聲遠強調技術的傳遞只是短期的目標，像是過程裡面的一些步驟，而不是真正長期的目標。黃聲遠眼中，技術與知識的傳遞只是過程的媒介，他真正關心的是「生命」，他說：「他不是要跟你學到什麼東西，可是也許在這個過程裡面被啟發了什麼，就把他自己生命裡面的什麼事情找出來了。」

反對「傳承」之名的黃聲遠，卻一直在為傳承之實而努力，他心目中傳承的重點不是知識與技術的傳遞，更不是價值觀的指示，而是對年輕生命的鼓舞，幫助年輕人對自己更有信心，能夠活出更完整的生命潛力。

工作：相信、成長與快樂

田中央的工作模式裡，最重要也最特別的一點就是「工作輪調」，輪調的目的是為了讓個人有更多的成長。黃聲遠認為，不是因為追求效率去分配工作，他不喜歡這樣，他是為了讓彼此可以有更多的成長而去進行輪調，輪調讓人可以去做更多的嘗試、更多的學習，黃聲遠舉例說：「連我的機要秘書都可以因為大家覺得他可能以後還是要做建築師，所以他要花時間去上工地，因此就把他移開。他是對我很熟悉，我的行程都是按照他的指示去做的耶！這麼重要的人都可以去做一個他不熟悉的工作，可是我認為必要，這是他成長過程中所需要的工作。」

上述的輪調方式，會需要花費額外的時間與成本，因為個人和組織都必須因此而彈性調整，但是黃聲遠願意付出代價做這件事，他的態度是，這件事在田中央是天經地義的一件事，就是花再高的成本都要執行，黃聲遠不但是願意的，而且他還很樂見。

願意付出代價讓成員們工作輪調，除了黃聲遠認為這是重要的行動之外，也是因為他相信成員們的能力。黃聲遠分享了一個過去發生的例子，有一次佛光高中邀請他去演講，他想對象是高中生，他來講一定讓他們覺得很無聊，所以就請同事們及實習生只要有興趣的都可以去講，結果有十幾個要去。他們就在那邊自由發揮，他在旁邊聽，這個演講效果意外的好，黃聲遠表示：「真的很好聽啊！當這個人講的時候少了一些什麼，下個人講的時候就自動把它補上去了。就整體來看，經過兩個小時之後它真的非常好。因為他們又不是笨蛋，年輕人在講的時候自己會發現『欸，剛剛講的好像不是很完整』，然後下一個人就會自己補上去。而且他們自己協調每個人只能先講十分鐘，不然你會佔到別人的時間。就這樣講講講，你會發現真是好得不得了！」黃聲遠將受邀演講的機會開放給年輕人展現，在（實習生的）家長們擔憂的狀態下承擔「放任他們亂講」可能的後果，在信任他們的前提下放手任他們發揮，結果這群年輕人果然展現令人驚豔的和諧成果。

黃聲遠對田中央的經營，是為了幫助年輕建築師成長，也是為了讓他們更快樂，他的快樂是建立在每個人都更快樂這點上面。黃聲遠的這個目標，使他致力於讓田中央內的人快樂，也為田中央外的民眾帶來更多快樂的可能。

價值：生活與工作融合

不在田中央開大型會議，也不樂於進行教條式指導的黃聲遠，透過自己的「行為」向成員們傳遞價值，其中一個做法是開放式會議。就是在辦公室內鼓勵參與討論，譬如在談一個專案，旁邊的人一樣可以聽，如果同仁手上沒那麼忙便會來聽，聽別人如何下判斷。除了透過開放會議讓大家參與之外，另一個做法是身體力行。黃聲遠相信在生活與工作融合的田中央，自己的一切言行都訴說自己重視的價值，他誠實的展現自己的人生，用自己的生命證明自己的堅持，不掩飾脆弱與失敗，每一次的奮鬥與堅持都很鮮明而明確，讓人看到他堅持理想遭遇的困境，更從遭遇困境仍然要繼續堅持當中，看出這個理想的價值。他說：「我比較多是身教，我還是相信如果可以就貼身在我旁邊，我在路上尿尿或者幹嘛他都看得見，看到我脆弱的那一面，比較能夠真正相信我在堅持的地方，因為他看到我是在奮鬥的。這些人都看得到我不斷的失敗、我不斷的被修理啊。」

除了可以看到黃聲遠的真實面貌之外，也能看到以工作和生活融合為目標的他，是如何重視生活的。作者去訪談當天正好是農曆十六日，黃聲遠說：「我們本來今天還是明天說要去看月出的，去海邊看月出。看月亮從海面上出來，那很漂亮……像我會做這樣的事情，他們會感受到，這個行動比較有用，雖然說在海邊的時候我也不能跟他講什麼事，但是他會感受到。」

黃聲遠重視生活，也認為建築師應該多方體驗生活、認識環境，如此才能夠設計出與生活貼近的建築，但是這個價值難以言傳，所以行動比語言更為有力。黃聲遠也會製造機會讓學生能跟他相處、更認識他，包括讓學生有機會進入他的私領域——家庭生活。做為一個「好的案例」，黃聲遠用動態的生命呈現這個案例。

黃聲遠認為自己一直以來沒有什麼改變，所有的言語與行為都是「真心的」，正因為他長久以來都相信真心，並且言行如一，所以年輕人知道他是可信任的，塑造了穩定的感覺。因為有著對黃聲遠的相信，所以年輕人也放心的在田中央傾倒年輕熱情的真心，為共同認同的價值努力。

理想是如此，但是現實中的人際互動，總是伴隨著些許誤會與遺憾，儘管傾注真心，有時候仍然會讓人失望，這些遺憾的經驗將成為下一次成長的基石，黃聲遠從過程中學到這點，他帶點無奈的說：「有一些人走的時候，他可能覺得有點失望，我沒有把他當最重要的朋友來對待他。譬如很多事情我沒有把他的話記住，或者是我沒有辦法花很多時間在他身上。可是我真的做不到啊！我有小孩、我有老爸老媽，這些是我的私務，時間不夠我也沒辦法。」

在人際互動中，心與心的溝通是複雜的，所以儘管交付真實的誠意，有時候也只能收到無法完整傳達的嘆息；但是因為真心，就算留下沮喪的失望，也不會留下沉痛的怨懟。

他表示也是有一些痛苦的經驗，譬如說碰到新的、年輕的孩子時，有時候會錯過彼此交會的時間，會產生誤會，有時候也有傷感的事情，不總是如想像中那樣美好。黃聲遠說：「但是我應該有把握沒有人是有怨懟之心的。我是覺得我對不起他們的是蠻多的，就是令他們失望是一定有的。」

自始至終始終如一的「真心」，讓黃聲遠表裡如一的在生活中貫徹信念，因此讓追隨他的人感到信任與安心，也因為這樣，田中央的成員們和他建立深遠長久的關係。

徒弟：相互感恩的朋友

黃聲遠對於和這群年輕人互動，充滿了誠意與感激，他享受和他們的對話與相處，他表示，跟他們相處的時候非常快樂，彼此很有誠意的互相對待，這就是一件很美好的事。除了喜歡和他們談話之外，黃聲遠也喜歡和他們一起「生活」，像是一起用餐、運動。他說：「有時候早上一起去游泳，游完泳一起去吃蛋餅，這樣就很快樂。或者是中午就跟兩個老鳥去談一個木材的事情，剛剛回來在談一本書的事，對我來講這些都還蠻愉快的。」

如果給這些事情加上標籤，可能會認為這就是傳承的動機，或者是知識傳遞中的美好，但是對於黃聲遠而言，這只是人與人之間單純的以誠心相交，而他也只不過是簡單的享受人際互動的美好而已。他說：「這樣的事情跟傳承、或者說什麼技術的都沒有關係，我只是純粹非常 enjoy 跟他講話的那個 moment。」

對於田中央的年輕人們，儘管他們都喊黃聲遠「老師」，但是黃聲遠把他們全都當「朋友」，對他們充滿了感激，認為這是自己人生最大的祝福。當初父母決定移民加拿大的時候，黃聲遠決定隻身留在台灣，這個決定讓當時對台灣不抱希望而決定移民的父母感到非常掙扎，但是他們仍然尊重黃聲遠的決定。黃聲遠說，現在爸媽確實覺得這是一個真好的選擇，而且他們很羨慕他擁有這麼多好朋友：「我對他們是非常感恩跟感激，他們是非常近的朋友。這是最大的福報，是我最喜歡的事情。連我老爸都很羨慕耶！」

黃聲遠說自己現在的生活都是靠這些朋友的幫助，工作上面，很多曾經出去開業又回來的朋友，單純只是放下手邊的工作來幫黃聲遠的忙。除了工作上的協助之外，生活上也靠這些朋友們打點，像是訪談時黃聲遠正接到父母的電話，他說：「你看，剛才我爸打電話來跟我講家裡百葉窗壞了，電視打不開。還好我有那麼多朋友……剛剛就是阿堯不在小白在，我就趕快請他們幫忙。他們現在要吃飯了，可以順便到我家去看一看。」

訪談時間大約三個小時，將近晚餐時間的時候，就有兩位成員上來詢問黃聲遠是否要順便幫他帶晚餐，諸如此類自發性的善意每天都發生。黃聲遠說：「你以為光靠老闆跟員工的關係可以有這些善意？我才叫不動呢！這些年輕人誰要理你啊！要不然他就應付你兩下，你也受不了。我們是好朋友，這是唯一的可能。」

由於彼此之間是親近的「朋友」而非有權威關係的「師徒」，因此也會聊許多私人的事情，黃聲遠也很信任這樣的關係。對於田中央成員的狀況他都會注意，然後私下給予關懷，他會去了解每個人的情緒好不好，或是什麼東西卡在那邊，表達方式上也大多不會太直接，不給大家壓力。

為了能夠真正的「關懷」到對方，黃聲遠會貼心的用不同的方式詢問，尋找單獨談話的機會，他舉例說，可能會等到大家都剛好不在，去邀對方一起吃飯或一起游泳，然後再問問看對方最近怎麼了。或者他會找其他的老鳥去關心菜鳥，免得自己會讓對方太緊張。關心年輕人，黃聲遠有他的智慧跟體貼。他說：「我絕大多數還是會去跟那些我熟的，就是更熟的那些，很多年的那些，我會跟他們說那個誰誰誰怎樣？他最近還好吧？那如果沒事就沒事，不過如果有事的話，因為我既然問了，他們就會去關心一下。」

因為把成員都當成朋友，而朋友是一輩子的事，所以就算成員離開了田中央，也仍然會跟田中央保持密切的關係。通常人們離開田中央不是因為他們不喜歡這裡，是為了實現自己的下一個選擇，譬如有爸媽的事情、有些人脈關係，或者要實現自己想做的事情等。離開的成員仍然是田中央的朋友，因此大家也很樂於提供協助，像是有人出去在從事古蹟修復、有人在開咖啡廳、有人在經營民宿等，他們的人脈是自由的，田中央也會有所支持，幫忙找生意。

對於離開田中央繼續在建築業界工作的朋友，田中央也提供「串連」的幫助，黃聲遠說：「其實如果沒有我們的資源，出去後會有點辛苦。因為我們建築這個行業需要顧問，不是標案子而已，譬如說你需要結構的資訊，可是人家看你年紀小可能就不太想理你，但如果你是田中央的一員就比較願意幫忙。」

成員們之間良好的關係，未必都只有建立在黃聲遠身上，他們互相的串連有時候連黃聲遠都不一定知道，但是他很高興成員們不論是否在田中央內工作，彼此都能維持這樣的關係。黃聲遠說：「他們不是只有跟我是好朋友，也不是所有人都是好朋友，他們中間還是有互相討厭的，可是更多一群一群非常好的朋友。……他們之間的串連是會有幫助的，會產生好的效果。這件事情我根本不用知道，他們一直都還是好朋友真令人欣慰。」

黃聲遠對這些朋友們充滿了感恩，也很衷心樂見這樣親密的連結在田中央內外不斷發生。

學習：每日生活之意識

田中央內的成員都稱呼黃聲遠「老師」，在專業知識、建築設計的引導和人生啟發上面，他們都從黃聲遠身上學習到很多。相同的，黃聲遠在他們身上也有很多的學習，他就以「今天」（訪問當天）為例，說：「像我早上在吃早餐，我看那個投資看不懂，什麼今天誰買誰的股票，好像 google 買了一個什麼東西，那個工讀生就解釋給我聽，它使用它的股份做什麼事情，我就覺得很有趣啊！」

平日當黃聲遠有需要幫助的時候，他就走到同事當中去提問，然後也不知道是怎麼運作的，總之就是會有人提供解答，他認為這是一個很「自然」的人際互動方式，因為這就如同好奇的小孩子面對外面的廣大世界，當不會的時候喊一聲，大人就會來幫你的忙。他說：「很多事情我也不曉得要去問誰，但是走到大夥旁邊隨便講一講這個要怎麼辦？反正就是會有人知道，或者就是會有人上網去查一查之後跟我講，告訴我剛剛講的是怎麼樣，我有時候也不太記得是誰幫我的。」

田中央的運作很單純簡單，所以接近最「自然」的樣貌。除了從學生們身上得到知識上的幫助之外，也常常會從他們身上得到人生智慧的領悟，最近正在經歷女兒的叛逆期的黃聲遠以這個為例子，說：「我那天去游泳，有個實習生就跟我說，他曾經國中的時候都不跟自己爸爸講話，我問他是不是討厭自己的爸爸，他說沒有啊。我接著問他是不是希望爸爸改進什麼，他說也沒有耶。那時候我就很開心，想說我女兒大概也就是這樣而已。」

過去黏在自己身邊的孩子，轉瞬間已經長大得不想跟自己說話了，這位學生的分享給有點沮喪的爸爸一劑強心針。黃聲遠也在自己的女兒們身上有很多的學習，有時候觀察著女兒們，就從其中領悟出跟年輕人、甚至是年長者的相處之道。

說起學習的經驗，黃聲遠認為是相互之間的互動，有時用口述、有時是從相處中，不勝枚舉。他從年輕人身上有所學習，自己也提供他們有幫助的回饋，他能體會到中間的相互回饋性，他說：「我基本上是靠他們生存的，我覺得互相互相，他們也靠我生存，就是他們喜歡我的判斷，他們自己做模型，很努力的衝，搞不好一上戰場還是死。所以我覺得真的是互相。」就因為關係是互相的，所以能夠長久持續下去。

未來：我也不知道的發展！

在台北長大的黃聲遠，落腳宜蘭深耕二十年，但是未來規劃如何，他聳聳肩很誠摯的表示：「我也不知道。」這種不確定，也包括對於新建案的規劃，他說：「有時候你想要也不見得會有那種案子跑出來，就算跑出來了你競圖也不一定會贏。所以我也不知道未來怎麼樣，你如果問我，我也不覺得未來會一帆風順，就是我也不知道。」

聽似沒有回答的答案，是他最真心的回答，儘管不知道未來明確的走向，卻能確定黃聲遠和田中央將繼續往前邁進。田中央的工作不會停止，仍然會持續創新、持續突破，持續深耕觀察、持續在彼此身上學習，可能也會持續挨罵，但是也一定會持續堅定的走向更好的未來。

是不是有擴大規模的可能，黃聲遠認為應該要看「人的能力」，譬如田中央現在有小杜這些領導者，如果他們的能力真的很強，可以繼續做下去的話，就做他們喜歡做的；但如果說未來，忽然有一個十五億的案子或五十億的案子，那就一定要增加人，擴大規模。當新一代建築師起來嶄露頭角之後，就勢必將隨著新挑戰而調整人手、調整規模，但是這不是田中央的目標。田中央的野心不在於增加獲利，或是擴大經營規模，他們的企圖一直是「為自由奮鬥、帶給更多的人新的可能」。對於事務所的規模，黃聲遠覺得現在是最舒適的規模：

「現在這個規模蠻舒服的，我們這個規模已經非常非常久了，大家都可以互相了解，然後又不至於太小，太小就會變成非得是很好的朋友不可，那這樣會有點壓力，因為有些人之間可以不用那麼好，你太小也不好，所以我覺得二十五個人這個規模真的不錯。」

現在這樣的規模，成員之間的關係緊密，但是又仍然可以包容彼此間的差

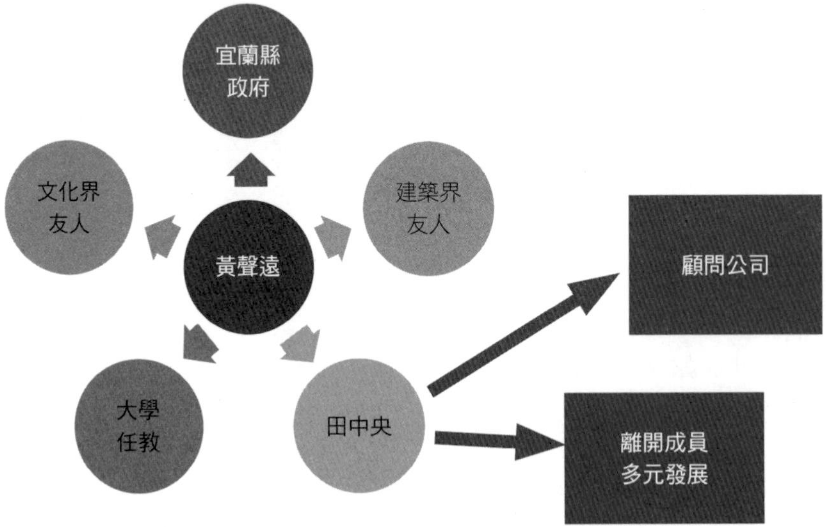

圖四　黃聲遠社群網絡示意圖

異，提供社交的多元性，他希望好景能常在，但也保留對未來的開放：「我永遠不知道啦。」

《論語・先進篇》上有一段描述，孔子問諸弟子的志向，其中曾皙所言最合孔子心意，曾皙說：「莫春者，春服既成。冠者五六人，童子六七人，浴乎沂，風乎舞雩，詠而歸。」描述一種輕鬆自然的人際互動，回歸生活情趣、建立生命價值，這似乎跟田中央的師徒傳承過程與氛圍，有不謀而合之處。

黃聲遠在宜蘭耕耘期間，得到許多人的幫助與鼓勵，有豐富的社會網絡資源，圖四為其示意圖。

第四章　黃聲遠徒弟剪影

傳承在田中央：洪于翔

洪于翔，事務所裡的大家習慣叫他「阿小」，出生於一九八一年，畢業於淡江大學建築系，二〇〇六年加入黃聲遠建築師事務所，經歷過舊事務所時期與新的田中央聯合建築師事務所時代，曾經在其他的建築事務所工作過，也曾負笈英國建築聯盟學院（Architectural Association School of Architecture）攻讀建築碩士，幾番「進進出出」之後，最終回到田中央。曾參與羅東文化工場、中山小巨蛋等建築設計，也曾代表田中央工作群於 TEDxTaipei 演說。

緣起：從宜蘭開始

洪于翔與黃聲遠初識於宜蘭童玩節，當時洪于翔是大學生，跟著學校（淡江大學建築系）到宜蘭童玩節做裝置設計，剛好黃聲遠也到童玩節去看他們的設計，後來在許多校級的評圖場合中偶爾也會遇到。在學校的時候兩人雖然沒有密切的往來，但會在某些場合遇到，而這些場合恰好可以展現洪于翔的做事態度，見面時兩人間也都會有些互動。

後來，黃聲遠擔任洪于翔大五畢業設計的評圖老師，評論完洪于翔的畢業設計之後，便詢問他是否有意願到田中央工作，不過並不是正式的工作，而是要不要來「玩看看」。當時的建築教育還沒有「實習」的必修學分，大五畢業後，大家就進入事務所開始工作，但是黃聲遠提供給他的卻不是一個正職的職缺，而是一個「實習生」機會。如此這般，洪于翔結下他與黃聲遠的緣分，開始他在這個獨特的建築師事務所的工作與生活。

浸盈：田中央工作中

一切從實習開始

現在台灣的建築正規教育中，有設「實習課」為必修學分，建築系的學生必須去不同的事務所實習，洪于翔念書的時代尚未有此規定。但是在此更早之前，田中央就開始了建築師要從實習生做起的傳統，不管是未來要當什麼職位，都要經過實習的階段。因此在田中央一年到頭都有來自不同大學的實習生，暑假的時候特別多。

實習生們在田中央的工作是與事務所內的建築師們合作，執行老鳥指派的工作任務，雖然是初出茅廬的學生，但是事務所不只是交派事務性的工作給實習生，也會提供實習生展現自己的機會。透過這個過程，實習生們可以彼此合作，可以從中得到老鳥的意見、向不同學校的同學學習，也從資深建築師那邊得到建議。洪于翔說：「就是讓我們實習生去做設計。譬如有些案子還在很前期、還在發展的時候，有時會讓工讀生做好幾個，然後大家一起來看，有點小競圖的感覺。」實習時間通常是兩個月，期間田中央會讓實習生們嘗試不同的工作內容，洪于翔當實習生的時候比較特別，由於那個年度的實習生都不想變換工作，因此事務所也就從善如流的讓大家繼續在原本的工作上面磨練。

實習的機會幫助建築系學生們進入建築師事務所的工作環境，成為銜接「學生」到「建築師」之間的橋樑，洪于翔認為，實習的時候是老鳥叫實習生做什麼事情就做，也是團隊合作的方式，壓力不在自己身上。但是當建築設計真正成為工作之後，要背負的壓力就大大不同了。實習歲月裡面最大的壓力可能就是趕模型，但是當變成獨當一面的建築師時，除了設計之外，還有各式各樣裡裡外外的事情要兼顧，包含工作的進度掌握、流程控管、和不同對口的聯絡等等，洪于翔認為，剛畢業的學生透過實習期間，了解田中央的工作方法與企業文化，有助於他們日後進入正職工作人員的工作內容。

以公共建築為主

田中央承辦的案件絕大多數都是宜蘭縣政府的公共建設，當建築物是屬於公眾使用的時候，設計時要考量的東西就變多了，要溝通的面向也更廣。除了要跟業主溝通、技術和工程方面的技術人員溝通之外，也要和社區溝通，公共建設的經費來自政府的預算，因此也會受到政治情勢的影響。當案子遲交或是無法順利完成時，黃聲遠會扮演重要的角色，是工作人員最大的後盾。洪于翔說：「我覺得在這裡比較好的一點，是事務所會幫你扛很多事情，包括壓力或是對外的時程上，老師更重要的角色是對外的部分，一些跟府內有關的或者重要的會議，他會做出重要的判斷，讓我們可以更輕鬆的做事情。」

公共建設溝通的面向與互動關係既廣且複雜，而田中央及黃聲遠都給予建築師們相當的支持與幫助。接案以宜蘭當地的公共建設為主的田中央，因此塑造出其獨特的組織文化與工作經驗。

長的時間感

曾經一度離開田中央，到台北的建築師事務所工作的洪于翔，形容田中央的工作模式是以一個「比較長久的概念看待時間」，這樣的概念對建築設計很有幫助；因為當人被逼著要在時限內完成時，就失去了可以慢慢雕琢，讓事情更圓滿的機會，要求效率導致做事情的步調也變得倉促，建築師變成只能奮力在時間壓力下把事情做「完」，而非把事情做「好」。他說：「在台北工作的時間感就只有二十四小時，就是只有一天，可是在宜蘭工作的時間感是好幾個月，是很長很長的，我覺得人在這個狀態比較能夠讓腦筋持續的保持清醒，不然你永遠在爭二十四小時內要把事情擠壓到某種狀態的時候，其實你大部分只是在『處理事情』，而不是真的在『做事情』。」

洪于翔認為，台北與宜蘭兩地會出現時間觀的差異，是由於兩者面對的資本主與資本額不同：台北市每個案子進來的資本都很大，面對的都是私人的企業主，有時候是貸款來做這件事，所以遲交一天，罰則就是好幾百萬。因此就算業主希望可以有好的設計，也無法負擔「慢慢來」的時間成本，畢竟商業領域裡，時間就是金錢。田中央承接的案子以宜蘭當地的公共建設為主，因此田中央的主要業主並非私人企業主，而是宜蘭縣政府，洪于翔說：「在這邊因為也不是第一線的城市，然後大部分都是縣府的案子，而且府內也都很幫忙，因為他們既是我們的業主，同時也是使用者。」

由於公共建設涉及不同的利害關係人，在建造的時候需要更多的觀察、考量，維護不同使用族群的利益，而且政府建設不用背負銀行貸款的壓力，所以可以承擔比較多的時間成本，讓建築師有足夠的時間去訪調、設計與建築。

沒人管你的自主管理

談起田中央特別的地方，洪于翔認為田中央的不一樣就是沒人管你。在田中央，建築師擁有自由管理工作時間的權利，洪于翔認為這裡有讓人「懶惰」的彈性，自己管自己是工作者跟自己的溝通，也是與時間互動的自由：「像我有的時候就會很懶，不想做事情，但是時間到了還是必須要做……你在這裡的話就沒人管，所以你要自己管自己。」

時間管理的自由，給田中央建築師們一些體驗生活的空間，例如，大家會一起去泡溫泉、冷泉，做為工作之餘的抒發和休息，建築師們也用不同的方式來舒壓，像是爵士鼓或彈吉他。在田中央事務所內，不只有工作相關的設備，很多「生活」的元素也在其中，這個時間的彈性，以及相信人性的積極而帶來的自由，讓田中央的工作經驗生動地與生活融合。

案子大家一起捏

洪于翔認為田中央工作的另外一個特色，是「換手」的工作模式，執行長小杜在安排工作的時候，會考量員工的狀況，不斷讓大家做不同的嘗試，因此一個建築設計的案子，從前期規劃開始直到後期建造會經過很多不同的人，在不同的時期接手，意即田中央的建築師們常常會經歷工作的輪調。他說：「我們的工作常常換手來換手去的，尤其是剛剛來的人，小杜的工作安排會讓新人可以去同時碰到很多事情。」

建築的風格往往會展現出建築師個人的風格與特性，洪于翔發現，常常一個案子很多人捏過之後，它就會長得很不一樣，不同人進來它就會長出不同的樣子，因為人的個性會跑進去。所以洪于翔認為田中央並沒有自己專屬的風格，黃聲遠老師不會說一定要做一個什麼樣的東西。但是這樣彼此換手，讓建築包容許多不同的想法與設計，也許就是田中央風格的展現了。

愛擾人的無差別格鬥派

田中央在工作的時候，不是單單設計建築本身而已，會將那個建築周圍的建築、社區、未來使用者等等全部考慮進去，因為他們認為建築本身就是生活。洪于翔認為田中央比較「不正常」的特色是：

「我們辦公室的確是比較沒那麼『正常』，一般建築師就是有一塊地，然後基地線裡面的事情把它做完就好了，但是我們辦公室就很喜歡去騷擾別人，就是一塊地裡面，我們會去想，旁邊社區的關係是不是要考慮一下啊，然後隔壁那個房子太矮，這裡是不是不要蓋太高，高的要往後退一點，就會開始跟旁邊溝通。」

洪于翔認為田中央會思考建築與周邊的關係這件事情，好像不能說是「特別」，因為這樣的概念是在建築教育中很被重視的，但是，田中央履行建築教育中重要的價值，並不是為了實踐教育理念，而是因為認同建築設計者應該關懷建築與周邊的各方「關係」的價值。他說：「我們在學校教育裡面的訓練，尤其是當我們在做畢業設計的時候，當我們有一塊基地要去做設計，就會去考慮這些面向……也不能說他（黃聲遠）是比較學術或不學術，因為我覺得這是真的值得被關心的事情。」

洪于翔分享他心目中田中央哲學是「無差別格鬥派」，他解釋就是沒有招數，打就對了，有什麼事情就做做看吧，也不知道怎麼樣做才比較好。「先做做看」的組織性格，讓田中央成員面對建築設計時常常一改再改，他們會一直觀察、溝通、討論直到合約訂定的時間，替他們決定這件事情「做完了」，改到不能再改了就是做完。不過洪于翔透露，其實蓋完之後也還可以改！田中央的建築師們會親自監造，因此即便在建造的過程中，他們仍然持續在溝通，與社區、業主甚至作品本身對話。洪于翔表示有很多蓋完之後還回去改的經驗，因為他們覺得在第一時間沒有做好，在沒有特定招數的情況下，田中央建築師們對未知提出不同想像，然後勇敢的開始實作，在實作中觀察、學習和調整。

基於這樣的信念，田中央事務所也稱自己是田中央建築學校，因為如果稱事務所，人們的預期是「一定所有的事情都知道」；可是對田中央的建築師們，有太多事情都「真的是不知道的」，需要在做的過程中，把過程當研究，或者是長期待在現場做觀察。因為這份謙虛，所以田中央在宜蘭深入蹲點，將自己蹲進宜蘭的田裡、水文裡、社區裡。

傳承：向眾人學習

田中央事務所又稱田中央建築學校，因為他們認為在田中央工作，其實也就是在田中央學習，向身邊的人學習，也向廣闊的未知學習。洪于翔認為，在田中央的經驗裡，學習不是結束於實習生身分的終止，而是一個不斷持續的過程。學習對象也不是只向黃聲遠老師學習，更多時候是從身邊的人身上學到東西。至於談起自己的學習經驗，他覺得跟整個事務所都脫不了關係，是從許許多多的溝通、互動中，向所有接觸的人、事、物學習。

黃聲遠：不是老闆的老師

黃聲遠是田中央聯合建築師事務所的主持人，也就是這間事務所的老闆，但是洪于翔會認為他是老師，不會覺得他是老闆。在田中央與黃聲遠互動的關係與氛圍都不會讓人有面對老闆的感覺，而是面對一個關心、指導自己的「老師」，黃聲遠會針對設計的潛力提出建議與想法。洪于翔形容黃老師比較像評圖老師，會針對學生們的建築設計給予建議和講評。洪于翔解釋道：「就是所有設計的東西他都還是會看，他會用他的直覺去判斷有沒有什麼大問題，或者是看這個設計有沒有哪個潛力還沒被發掘。因為他其實不太喜歡做同樣的事情。」

洪于翔認為黃聲遠是自己的老師，黃聲遠也認為洪于翔是自己的學生，但是洪于翔其實沒有上過黃聲遠的課，他認為教學的重點，在於互動之中能夠進行真實的經歷、知識的傳遞與接收，而他和黃聲遠之間的互動正是達到這樣的知識交換關係。他形容他們之間的互動是：「黃老師不會直接教你，他的角色是來幫大家釐清問題、做出判斷，他就是一個

『老師』的角色……我對老師的定義不一定是他要有教學，我覺得老師應該是教跟學的關係。」

洪于翔也提到，建築教育中大四以前著重基本教育，舉凡繪圖與建築概念等等的學習，但是大五後很多的學習過程就是在教室裡面和老師聊天，因為建築就是生活，建築就是生活裡面的所有大小事情。

洪于翔認為跟黃聲遠學習會激發潛力，當黃聲遠與他們討論案子的時候，會隱藏自己的好惡，因為「好惡」是根據過去的經驗，把好惡拿掉，會成為一種沒有經驗的狀態，面對事情都是未知，那就需要靠潛力了。所以大家常常會一個案子一修再修，透過反覆琢磨的過程，磨練自己的工夫，增加對自己的認識。田中央的學習方法是在實作中學習，透過尋找答案的過程學習，洪于翔說：「黃老師這裡把每個人都當大人，不知道的事情你要自己想辦法，所以最好的狀態就是被丟到工地去。」

洪于翔認為監造讓他學習到很多，所謂監造就是進入工地，監督建築設計被建造的過程。工地是真槍實彈的環境，不同於在教室裡面的紙上談兵，除了設計的問題之外還要面對結構、建材、社區意見等等的問題。被當作「大人」對待之後，慢慢的會知道要去哪裡尋求協助、尋找資源。洪于翔說：「我們慢慢工作之後，就會知道哪些問題要找老師談、哪些問題要找小杜談、哪些問題要找田中央重量級的工務經理楊大哥談，什麼時候要把所有人找在一起談。因為老師也沒辦法去處理太小的問題，那就是自己要搞定的事情。」

當設計上需要黃老師協助的時候，就在黃老師的行事曆上登記，先寫上去然後再打電話問「有沒有時間，可不可以看一下，那天你行事曆上剛好有空，你可不可以來？」黃聲遠開放自己的時間，讓大家可以尋求他的協助。

黃聲遠除了針對設計案給予意見之外，也關心學生們的生活，跟學生的關係很親近，洪于翔說他們的關係是什麼都聊，包括家裡爸媽的狀況，或者是其他的事情，其實有時候像朋友。這些不是透過約時間的方式去「請教」老師，更多是在非正式的時候，一起生活「混」出來的，師生們會一起享受宜蘭，一起體驗生活，因此自然的也就會分享生活中的點滴與煩惱。

黃聲遠會提供生活中不同煩惱的建議，但是卻很少對於職業發展提出建議，他不會針對不同的事務所或公司風格，給予學生未來發展的建議，但是當學生們離開田中央去別處工作，田中央會介紹案子給他們，提供好的機會。洪于翔說：「老師很少給不同職業（公司）上的建議，但是有可能當你自己獨立到某個狀態了，那他就會覺得，嗯⋯⋯最近有一件事情，辦公室有一些同事離開了，有些業主找上我們，那我們覺得時間尬不過來，就會問那些同事要不要接案。」

這位不像老闆的黃老師，跟大家一起生活在田中央，透過引導、生活和給予實作的機會等方法訓練學生，並且為他們營造一個可以大展身手的環境。

幾位老師各有千秋

田中央事務所裡面有幾位重要人物，分別是事務所主持人黃聲遠、CEO小杜——杜德裕、工程經理楊大哥——楊志仲、和他們稱為「王董」的田中央建築學校校長，他們擔任不同的角色，洪于翔在田中央工作的經驗中，也在他們身上有不同的學習。

當時田中央事務所的日常營運主要由杜德裕負責，他了解所有合約的狀況，以及不同建築案子的進度，洪于翔說他基本上就是CEO，同時也是蠻有經驗的建築師，因此事務所營運相關的事務，或者有一些建築專業的問題，他都會向小杜請教。

田中央的工程經理楊志仲在田中央有舉足輕重的地位，洪于翔稱之楊大哥，認為他非常重要，事務所沒有楊大哥的話，房子蓋不起來。當有建築「工程」相關的問題時，舉凡工程問題、圖面及預算等問題，就會向楊大哥請教。其中尤其重要的是預算，洪于翔點出，公共工程最麻煩的事情就是要做預算，預算要做得很清楚，不然可能就會很容易被告，因為是用納稅人的預算去做這件事情，所以要非常小心。事務所另外一位老師級的重要人物是田中央建築學校的校長：王董，洪于翔形容王董是個非常有文采的人，具有文人的氣息，事務所一些案子的論述或發表的文章，黃聲遠有時候寫一寫會請他幫忙改。因此將田中央做為一個學校看時，他就承擔起相關的行政事務。

洪于翔在田中央的學習歷程，正是透過向不同的老師提問與討論，逐漸建構出自己的建築哲學，磨練出自己的實力。

向同事學習

洪于翔表示在田中央的很多學習，其實來自跟其他人的互動，透過分享，大家都可以學習到不同的觀點，再將新的觀點納入建築設計中。這個討論的文化是整個事務所的文化，且並非只有同一專案內的人才會互相討論，洪于翔分享獨特的「串門子文化」：「並不是進行同樣專案的人才會一起討論，就像他們實習生有時候做到一半就會彼此串門子，看看對方在幹嘛，所以就都會知道。就是大家彼此會互相問一下『欸，你的案子現在在幹嘛』這樣。」

由於建築設計的過程是一種「試探」，因此分享與討論對於建築設計是很有幫助的，洪于翔解釋建築設計的過程，不是一個指令一個動作，更像是一個試探的過程，試探自己也試探別人、探索自己也探索別人，因為沒有太多的規定。在田中央可以以較長的時間感設計，相對較沒有時間的壓力，大家也習慣於很多人一起捏一個案子的工作模式，在比較沒有規則與界線的情況下，來探索自己以及團隊的潛力。

在同事之間的學習上，很多時候資深的員工會提供很多的經驗與方法，洪于翔舉例，像小白的工地經驗就很豐富，所以有一些事情就會問他，不然就問楊大哥，或者是找小杜。田中央也有聘請結構顧問，顧問也能夠提供很多專業知識的解答，洪于翔說：「有很多事情我們其實是跟顧問合作的時候去問顧問得到的答案。顧問就是譬如說我們做一個房子會有一個結構技師，那你要做的事情要能夠跟結構技師溝通，然後達到一個可以被執行的狀態。」

建築的工作千頭萬緒，在鼓勵討論與團隊合作的田中央裡，向很多不同的人學習不同的專業，給建築師多元化的了解整個建築流程與細節的機會。

工地中的學習

除了在事務所內的學習之外，洪于翔認為「監造」是很重要的學習場合，監造時會需要與當地居民互動，此時溝通的能力就非常的重要。他舉了一個為土地公廟蓋棚子的有趣經驗，因為棚子是公共建築，而且它的使用者是當地信眾，為了信眾們的文化與信仰，開工前甚至還要拿著模型去拜拜。而在過程中間，每天都會有許多信眾圍在廟前盯著施工狀況，洪于翔說道：「每天那些阿公阿嬤都圍在那邊看著你，他們就會有很多問題。像是問你說『啊那個柱子是什麼東西？為什麼要斜斜的？』你跟他們解釋完之後，他們就會說『怎麼可能？哪需要用到那支』，他們會有很多自己的判斷。」

當時有個案子，他們面臨到一些結構上面的設計，讓當地居民不能接受，結果運用改變外觀解決這個問題。結構上的問題在改變了柱子的外觀之後，就得到了使用者的認同，對洪于翔是個很特別的有趣經驗。他回憶道：「為了解決一些結構上的問題，所以才出現的設計，一開始地方不能接受。因為柱子剛從鋼構廠出來是整隻黑黑的，可是當它被漆上金色的那個下午，所有的阿公都笑得很開心。」

透過在工地監造的過程，可以將許多課堂上學到的知識加以實用，看到自己的設計被真實的建構出來，也在那裡同時面對到社區居民的情緒與觀感，需要與不能使用建築專業語言溝通的人互動，這些對洪于翔而言都是很棒的學習經驗。

田中央建築學校

田中央既是建築師事務所也是一所學校，兩者之間沒有明顯的界線。洪于翔認為將田中央視為一所學校的原因，是在其中工作的人，不認為自己知道「答案」，他們覺得自己一直都在碰撞與摸索，在實作的過程中還不斷在學習，因此田中央事務所內的工作者，既是員工也是學生。

早期田中央建築學校有提供導覽的服務，會排導覽值日生，田中央的每個人都可以做導覽，親自接待參訪者。洪于翔認為，田中央建築學校不是一般學校，都在教別人，有時搞不好是工作人員想錯了，跟別人聊天之後，會發現自己有些觀念需要修正，那才真的是學習，才會真的是學校。透過導覽的機制，田中央邀請更多的人進入，創造更多對話的機會。

田中央也會邀請不同的人來分享，洪于翔說，有時候會找一些紀錄片導演來跟大家聊聊天，不是一種正式教育訓練的感覺，反而像是一起聊聊有趣的話題。邀請的人常常都不是直接跟建築專業相關的人，洪于翔認為，雖然不是直接跟建築相關，但是都跟「生活」有關，他認為建築就是生活，因此跟不同領域的人「聊天」，可以增加對「生活」的了解，得到不同的啟發，對建築設計有很大幫助。

展望：我要再回來

作者於二〇一三年七月二十三日訪問洪于翔時，他將於該月底離開田中央，前往英國的建築聯盟學院攻讀建築碩士。當詢問洪于翔取得碩士學位之後的計畫，他表示自己還是想要回來田中央，因為這裡有一些事情可以做。對於田中央他有自己的想像，他說：「會想說，如果這裡是學校的話，會是一個什麼樣的學校，跟真的教育體制的學校差別在哪裡。我回來有可能會想做的是這裡的教育。」

洪于翔認為真正的教育，是要讓學習到的知識有機會被使用，學校應該要創造這樣的機會來幫助學習，學到的知識能被應用，學校才算真正發生作用：「例如說我今天去看工地，才會知道工人怎麼搬鋼筋，那從此之後我只要看鋼筋圖就知道了，可是以前在學校裡面老師講半天，你還是聽不懂，你只能用硬背的。因為沒有實際用過，那它就是一個沒有用的知識。」

洪于翔希望學成歸國之後，可以針對建築教育有更多的想法，創造不同於正規教育的田中央教育。

少年結識的傳承引導：劉黃謝堯

劉黃謝堯，田中央的夥伴都叫他「阿堯」，畢業於中原大學建築系。與黃聲遠的緣分始於國中時期，因為黃聲遠鼓勵他念書，並且引導他走上建築的道路，念出興趣之後，成為家中唯一一個大學畢業的成員。從五專時期開始到田中央實習，一直到大學都在田中央，當兵後進入田中央工作至今，與妻子一起在田中央奮鬥。曾參與羅東文化工場、雲門新家等建築設計。

結識：誤上賊船的好運氣

提起劉黃謝堯與黃聲遠認識的機緣時，劉黃謝堯忍不住哈哈大笑的說，「這是一個誤上賊船的痛苦經驗，是在路上被怪叔叔騙走！」細說從頭，兩人的相遇在劉黃謝堯國中的時候，劉常去三星鄉公所後面打球，那時候黃聲遠也正在設計三星蔥蒜棚的案子，常常會到現場去做設計，就在那裡遇到打球的劉黃謝堯，劉黃謝堯回憶兩人最初的互動是：碰到會聊天，黃聲遠會問他以後想要做什麼之類的話題。

國中時期的劉黃謝堯不喜歡念書，鄉下升學率也很差，大家畢業以後就當黑手，不是修機車、就是當水電工，念個夜校就開始工作。遇到黃聲遠之後，黃聲遠鼓勵他多念點書以後比較多機會。因為受到了黃聲遠的鼓勵，劉黃謝堯成為家裡唯一一個念到大學的孩子，哥哥姊姊都是國中畢業就進入職場了，他回憶當時的情況是，有被鼓勵就會比較想念書，比較有動力，最後是「真正開始念書了」。國中之後劉黃謝堯考上了宜蘭頭城的復興工專，那時候在選擇科系時黃聲遠引導他尋找未來的志願，劉黃謝堯說：「他（黃聲遠）問我想要念什麼，那時候我也沒什麼想法，可是因為很想出國玩，所以我就想說念個國貿，國際貿易聽起來就比較有機會出國玩，可是後來發現其實並不是這樣。」

最終，劉黃謝堯並沒有考取國貿科系，而黃聲遠建議他可以考慮念建築，他回憶道，黃聲遠可能有看到某些特質，可是其實他也不知道黃聲遠到底是看到什麼特質，直到如今提起這件事還是靦腆的笑著。不知道到底是什麼樣的特質讓黃聲遠建議他走建築這條路，但是劉黃謝堯就這樣踏入建築的領域。他從五專開始接觸建築的基礎理論與繪圖技巧等知識，透過建築，自己對世界的想像可以被展現出來，讓他開始對這個學門感興趣：

「建築系本來就是你可以走那種非常理論的，你也可以走那種完全都是設計的，去討論那些空間的，也有就是比較不用念書的。我後來念念就覺得還滿喜歡的，因為念建築系是滿可以天馬行空的，可以有一些自己的想像，然後可以做一點事情出來，評價還不錯的話就會有點小小成就感。」

五專的建築教育方針並不著重思考與創造力，比較重視技巧的訓練，因為專科體系的訓練，是把受訓者當作「手」，比較不會讓受訓者去動「腦」。對建築產生興趣的他想要繼續學下去，於是找了學校裡面幾位黃聲遠的朋友，並且對建築設計有熱情的老師們討論，詢問之後，得知有學長成功插班大學的例子，增加了他的信心，加上田中央實習的經驗帶給他的衝擊，他回憶道：「五專好像從專四的暑假（開始實習），那時候我衝擊滿大的，因為只有我一個五專生，其他都是東海啦、淡江啦、實踐的學生，就從他們身上有所學習。」

因此劉黃謝堯參加了插班考試，最後分別考上黃聲遠的母校東海大學與中原大學的建築系。原本選東海大學的劉黃謝堯，與東海的緣分卻只有三天，三天後就休學。因為他考進去大二，系方覺得他程度不好，叫他從大一開始念。東海建築系有一套自豪的建築教育傳統，學校認為插班的劉黃謝堯需要從頭進入這個脈絡，這樣的要求讓他有些灰心，由於就讀私立大學需要面對昂貴的學費問題，在東海念書形同要再繳五年的學費。而中原大學沒有這樣的要求，讓他從大三開始念，他說：「雖然都是私立，但是多兩年還是差滿多的，多那兩年家裡壓力還是會比較大。」

最後劉黃謝堯進入中原大學建築系就讀，在大學裡體驗跟五專不同的學習氛圍：在五專念書，設計課上完東西就帶回家了，大家回去各自做，可是在大學，系館裡面都有工作室，大家就可以在裡面做模型，同學之間會互相討論，有時候也可以去找老師過來看一看。在大學裡面的共同空間，增進學生們互動與討論的機會，也讓他們離「老師」這個重要資源更近，對於需要透過討論與建議來增進自己視野的建築設計學習者而言，是很重要的學習資源。

劉黃謝堯分享他這個時期最大的學習，是從同學身上學到的，甚至比從老師身上學到的還多；因為老師陪學生的時間有限，反而是在工作室同學們一天到晚都混在一起，像是一起去看展、看電影與吃飯等。不同地方來的人跟自己想的東西完全不一樣，住在宜蘭、住在新竹跟住在高雄的人，想的事情不一樣，關心的事情也不同；因此很容易被身邊的人影響，看事情的面向會變廣。

大學畢業之後，劉黃謝堯選擇進入田中央工作。從五專時期開始，田中央就是劉黃謝堯工作、學習與生活的舞台。他分享了這些年在田中央的輝煌與辛苦，笑著說：「像我遇到他（指黃聲遠）就是我運氣好，不然我現在也不知道我在哪裡。可能就當水電工吧，怎麼能坐在這邊畫圖。」

進入：田中央學習中

田中央事務所是劉黃謝堯當兵之後的第一份工作，一開始他只是想把這裡當作跳板，期待著未來有一天到所謂的「大城市」看看「大事務所」，體驗不同的生活環境和工作方式。但是田中央一直讓他驚豔，有太多新鮮的事務讓他去學習與實驗，所以直到如今他仍然在田中央奮鬥著，一邊持續學習也不斷的分享。

吸引人的多元性與影響力

吸引劉黃謝堯留在田中央的原因，是田中央工作的多樣性和影響力。在多樣性部分，劉黃謝堯發現，同期的同學有些在比較大的公司，有些在老師自己開的工作室，跟他們聊天的時候會覺得，在田中央做的事情是比較多元、多樣性的。至於影響力，因為田中央以承接公共建設的案子為主，公共空間會影響的包括社區、學生、老人、小孩、孕婦等等不同的族群，影響的範圍大很多，而且可以透過建築設計，改變原來人對建築物的認知。

公共空間的建築設計，可以改變當地社群的生活模式，甚至改變人對空間的認知，劉黃謝堯以曾經監造的宜蘭中山公園為例說明：中山公園過去有許多高大的樹木，以及傳統公園設計喜歡使用的假山等造景材料，導致公園內的空間很陰暗，因此聚集了許多遊民，而使附近的居民不敢使用這個空間。田中央協助宜蘭市公所爭取經費，進行空間改善，改善後居民們開始使用這個新的空間，廣獲好評。透過建築設計，他們改變了居民生活的空間與習慣，也改變了大家對於「公園」的想像。

對於曾經想去一探究竟的大型事務所，劉黃謝堯透過同學們的分享，覺得好像可以預想到他們的工作方法和節奏，也許程序方面沒辦法很懂，可是大概可以想像他們在做這個大樓或做大陸的業務，或者他們做學校的案子是怎麼操作的。後來想一想，劉黃謝堯覺得對那種工作形態沒有那麼有興趣。對於學習很有熱情的劉黃謝堯，希望可以持續的學習下去，他說：「那些都是我本來就已經知道的事情了，那我幹嘛還花那麼多時間去學那個？我應該要把時間放在沒有碰過、沒有做過的事情上面。可是我如果去別的公司，我大概都知道我下一秒鐘要做什麼工作了。」

劉黃謝堯形容在田中央會有一些意想不到的事情發生，他以之前參與的宜蘭縣的海岸線競圖規劃為例，當時為了製作競圖規劃，他向宜大的張智欽教授請教，也訪問地方耆老與許多不同的專家，以求深入了解當地。他才發現宜蘭是珊瑚最豐富的地方，是全世界第一個發現珊瑚產卵的地方。劉黃謝堯作為土生土長的宜蘭人，透過這個機會，取得重要而特別的在地資訊，田中央重視在地調查以及人文關懷的文化，提供吸引劉黃謝堯的工作多樣性和「意外」收穫，刺激他有更多的思考和想法，是讓他留在田中央的一大誘因，他認為在別的建築師事務所，不可能碰到這種事情。

田中央的工作方式

◆聊天、溝通、協調

當詢問劉黃謝堯田中央的工作方式時，他指著旁邊一群熱烈討論國外建築圖集的實習生和同事們笑著說：「就是像他們這樣不務正業在聊天啊！」語畢，大家一起開朗的大笑了。「聊天」是田中央很重要的工作方式，大家透過聊天分享彼此對生活的看法、對設計的看法、對各式各樣不同議題的看法。為了增進「聊天」機會，田中央的工作空間全部集中在一樓，二樓的空間沒有人在工作，黃老師跟小杜刻意地把所有人集中在一個平面上。

因此在事務所內沒有一般辦公室常見的ＯＡ隔板家具，每個人的工作內容都攤展在桌上，大家都看得到你現在在做什麼，因而產生互動。由於建築是設計與想像的實現，可以容納不同的想法，透過多元的觀點去雕琢，劉黃謝堯說，建築是一個比較開放的媒介，就是不一樣的觀念、不一樣的想法加進來，像這樣調一下比較好、那樣調一下比較好。田中央在自己的工作空間內落實開放探索的設計理念。

在田中央不是只有老師級的黃聲遠或者是執行長小杜可以提供想法而已，同事之間也都會給一些不一樣的建議，像是「欸，好像在哪裡看過什麼樣子的，你可以加進去看看，搞不好效果會還不錯」，有時候做出來真的還不錯，劉黃謝堯認為這樣的開放討論是很好的，因為每個人都有不同的喜好，會注意到不同的面向，從不同的視野看建築。

田中央在設計建築的時候，很重視了解基地的背景以及基地和當地社群的關係，劉黃謝堯舉例說明，有一位同事是做水的，他就要去找水文專家、歷史學者，也會去找很多鄰長，因為當要在一塊基地建設房屋時，田中央不會只想到這個基地，會想它跟旁邊、跟路口、跟樹的關係。透過與不同的人「聊天」，幫助他們更了解每個基地的歷史背景、居民目前的需求，以及基地和周圍的「關係」。這些與不同的人互動的經驗，成為最重要的實務學習，劉黃謝堯說道：「我自己是覺得很多事情我都是來這裡才學到的，學校只是一個理論的基礎，讓你可以理解多一點事情，把你基本的技術訓練起來，在業界很多事情真的都要跟人家互動，像我們常常要去跟社區的人接觸。」

由於田中央的建築案件以公共建設為主，需要向政府單位的審查委員會簡報、接受評審，在工地的經驗，則是面對另一群背景不相同的人。找到不同族群的語言和對方溝通是一個課題，需要一定程度的了解對方，才能夠找到他使用的語言。在田中央工作面對的不只是建築設計的挑戰，也有許多「溝通」的挑戰。

◆重組再拆開

在田中央，每個人平均手上會負責一到兩個案子，但是工作分配很有彈性，團隊可以隨時拆開重組。劉黃謝堯解釋道：「案子都會有非常緊張的階段，譬如說要交圖、要發包的時候，可能是連續兩、三個月都在衝刺。那種時候就會調整一下，譬如說我比較不忙，我就加進去。就是變成一種游擊戰的感覺。譬如說你也比較不忙，你也加進來，那麼我們三個人就變成一個小組，這段時間我們就一直衝一直衝，衝到把它交出去。」

因此一個案子在不同時期會有不同的人參與，大家都有機會參與到建築設計的不同時期，劉黃謝堯認為這是田中央的一大優勢，如果待得夠久的話，幾乎所有的事情都會碰到，從競圖到跟別的事務所比案子，到拿到案子之後去做設計發展，到細部的設計，到施工圖到發包，都有機會碰到，也有機會到工地去。

當案子進入衝刺階段的時候，黃聲遠是一個關鍵的協調角色，劉黃謝堯說：「在這段時間，執行長小杜會叫黃老師回來看看，這個過程裡面還有什麼想法或應該要調整的，或是這次我們還有什麼事情是想實驗的。」

黃聲遠會針對案子提供關鍵性的看法，協助原本的設計，有時也會提出曾經見過的好案例跟大家討論，或嘗試把外國的成功經驗融入台灣。劉黃謝堯舉例：「他（黃聲遠）有時候會想到說，這個東西之前在哪裡有看到過、有想過，或是他曾經在國外看到的案例，他覺得還不錯，就透過這樣的過程慢慢的去調整。」

有些時候則是更強調在地傳統智慧的重要性，劉黃謝堯認為，黃老師有時候會覺得附近的一些村落或建築物，有一些好的、普遍性的特質，所以民眾才會一直使用。黃聲遠會建議大家以居民長久使用的東西為創新的基礎，而非一味的追求新事物。

在田中央可以經歷到建築設計的完整流程，這是在很多其他的事務所裡沒有機會經歷的，大部分的事務所仍採企業追求效率時首選的「專業分工」方式，這個方式讓事務所能夠有效的管理時間。劉黃謝堯說：「就我所知，有一些事務所因為是大公司，就分工分得很細，那你去可能就一直在畫平面圖，或者只是去管工地的事情，你的工作會比較單純，因為它要效率。因此必須把案子的流程切得很清楚，讓每個環節都分得很清楚，這樣比較能夠掌握時間，他們可能會覺得這樣比較不會失控。」但是這樣卻無法培養出一個真正的「建築師」，劉黃謝堯表示：「你有機會碰到每個階段，他就是把你當作一個建築師在訓練。」

這種不斷拆開重組的工作方式，讓劉黃謝堯很難快速的說出自己的代表作是哪一個案子，因為大家加入田中央的時間都很久，也不能說某個案子就是某人的代表作。這裡的每個人一旦在田中央待了相當的時間，就會一起參與許多的案子，要找出自己的代表作真的很困難，因為自己早就和田中央融為一體了。

◆過程是訓練的重點

劉黃謝堯形容田中央設計建築的方式是慢慢的「捏」，黃聲遠老師不會像一般的建築師，看這個案子要花多少時間，把時間算得清清楚楚。相反地，他會把東西慢慢捏、慢慢捏，捏到他覺得應該差不多了。在捏的過程中，融合進眾人多方的討論，不只是參考田中央工作群的意見，也會參考外部的建議，黃老師有時候會刻意找一些學校老師，或是他的朋友、建築師來看事務所的案子。

願意在每一個建案上花時間慢慢捏，是田中央的不同之處。劉黃謝堯分析田中央與其他事務所的不同，分別是標準化造成的效率，以及修改的彈性與空間。他說：「別的公司的話會有一堆圖庫，這次的窗戶你就抓這個套進去，這次的地板你就抓那個套進去，這次的牆面就抓那個套進去，因為它要有效率，所以不能每個階段都去想說，這個階段還有什麼可以調整的，會按照原來既有的模式跟習慣去把要做的事情完成。」

這個持續「捏」的過程，讓人很難定義何時是案子的終止，因為儘管在事務所內設計完畢了，到了工地也還是會做調整，有時候也許是業主的意見，有時候也許是建築師自己覺得如果改一下會好很多。除了自己對作品的要求，也會參考業主和使用者的看法，隨時保持彈性，盡力將建築調整到最好的狀態。

就算完成了，田中央也不是完成設計建造之後就銀貨兩訖，他們仍然會持續關注使用情況，當發現有需求的時候，會提出解決方案甚至幫忙處理，劉黃謝堯認為這是田中央對過程的堅持，也是一種對過程的訓練。在建築設計上，有人會很在意結果，不太去討論過程，但是田中央就是慢慢的在過程中要求。他說：「像我們會看到這裡可以加個東西，我們就去跟縣府或業主討論，錢可不可以挪一點來蓋這裡的東西，讓原來的東西更好用。」隨著建築不同時期的推演，建築師的經驗和實力也逐漸豐富與累積起來。

◆經驗會被留下來

透過開放的空間和討論氛圍，大家一起「捏」案子的過程，以及實習生的制度，田中央內部的知識與經驗都會被留下來。實習生在田中央實習的時候，透過跟老鳥們合作的機會，可以從旁探看真實業界的工作方式及溝通模式，幫助他們未來融入業界的工作型態。劉黃謝堯說，不太可能叫工讀生去畫圖，比較把他當作手在用，透過在做這件事情，或是聽到跟黃老師的討論，或是在與其他顧問討論的時候，是什麼樣的感受、什麼樣的氣氛，讓他感覺業界跟學校不會脫離太遠。

田中央工作群在設計的時候，常常會參考過去的經驗，劉黃謝堯舉例，當他們想要使用不同的材料時，工務經理就會建議他們詢問之前使用過的同事。在田中央，經驗會被留下來，作為未來創新的基石。有一些經驗會一直被留下，有一些則透過原來的經驗去修正，試出新的模式。創新本身蘊含風險，過去的成功經驗可以提供一個比較有保證的參考點，但田中央也提供一個包容創新的環境，就算也有可能修正之後更不好。

田中央作品的成敗，首當其衝的是黃聲遠的聲譽，而黃聲遠願意承擔的肩膀，為田中央開拓出一片能夠安心嘗試的空間。田中央經驗的留存，資深者與資淺者的經驗傳遞是重要的過程，以工地經驗為例，年輕的建築師通常沒有工地經驗，因此他們很需要依賴深諳工地運作脈絡的老鳥們，劉黃謝堯說：「像小白，他就常在工地，在工地就是要跟那些工人協調，慢慢調整。他其實也常抓著我們的工務經理楊大哥，他就是非常有工程經驗。」在「抓」著老鳥們一起「看」的過程中，向不同專業領域的前輩們學習，幫助自己盡速進入狀況，同時累積自己的技巧與經驗。

傳承：集體經驗的流通

黃聲遠：負責挨罵的龜毛老師

◆態度最重要

劉黃謝堯表示從黃老師身上學到很多知識與技巧，但是當直接提問從黃老師身上學習到什麼的時候，他立即說：「學到比較多的是他的態度啦。」他笑了一下接著說：「就是他真的很龜毛，他真的是很堅持。如果他知道那是好的方向、對的方向，就會排除萬難、想盡辦法，一定要走到那條路上，他甚至做到奮不顧身也要達到那條路。」

田中央一路走來，產出許多傑出又創新的作品，得到許多的獎項與肯定，但是也背負許多來自政府與使用者的壓力，設計的目標未必每次都能如願達成，但是黃聲遠始終不改初衷，不因為這些壓力而停止追求的腳步，帶領田中央的建築師們持續追求美善。劉黃謝堯認為田中央工作群之所以可以無後顧之憂的追求創新，是因為黃聲遠願意做他們的後盾，他說：「田中央就是可以容許你去嘗試一些以前沒有做過的事情，因為那個後果最後承擔的人都是黃聲遠，人家罵的都是黃聲遠，過幾年之後也都還是罵他。可是他願意承擔這個事情，他願意被人家罵，然後讓你去試一個新的、不一樣的路，我覺得別的老闆不會讓你去做這個嘗試的。」

創新設計的提案未必都是來自黃聲遠，如同前面劉黃謝堯描述的，很多案子都是大家一起捏出來的，但是卻是由黃聲遠一肩承擔各方責備的巨大壓力。

◆完整而多元的建築團隊

除了致力追求設計上的創新與改良之外，黃聲遠也希望事務所內的建築師與同仁們培養多元的興趣，像會計塗淑娟，她另外一個身分是黃大魚兒童劇團的音控。塗淑娟原本的專業是會計，舞台幕後技術人員需要的知識與技能，是她加入劇團之後學習的，她有大概三分之一的時間在做這個事情，這是黃聲遠支持的，他鼓勵田中央的成員們發展自己的興趣，即便會壓縮辦公時間也全力支持。

黃聲遠開放時間與資源，支持田中央成員尋找並培養自己的興趣，這是因為他希望可以讓每個人的樣貌更加鮮明也更多元，既能獨立發展又能投入團隊。劉黃謝堯說：「他慢慢的想訓練我們自己的獨立性、自己的個體性，就是回到訓練一個完整的建築師，不過是可以有很多不同的興趣的建築師。」

◆拉出年輕人

劉黃謝堯認為黃聲遠近期致力於將自己與田中央分割，很多的展覽、發表都不會把他的名字放在前面，而是使用「田中央工作群」，黃聲遠這三個字消失了，這是為了要讓其他人的名字逐漸浮現，慢慢的把一些同事拉上來。像之前有一些發表，就會把該案的名字寫為某某某＋田中央工作群，例如執行長小杜「杜德裕＋田中央工作群」。最初創設田中央聯合建築師事務所時，雖然不是以「黃聲遠」為名，但是「黃聲遠」的盛名仍與「田中央」並進，而如今黃聲遠要把年輕建築師的名字一個個拉上檯面，劉黃謝堯認為，黃聲遠的興趣是要把年輕的人帶出來。

為了帶出年輕建築師，當有媒體採訪的時候他也會建議記者改為訪問田中央的年經建築師們，黃聲遠透過不同的方式與機會，增加年輕建築師的曝光率，讓「田中央」的聯想中包含更多新的「名字」。

◆很好虧的朋友

劉黃謝堯分享日常與黃聲遠相處的模式，就像是朋友一般。他說：「他把你當朋友，比較不會讓你覺得是只能談公事，他常常找我們一起去游泳、去吃飯，冬天就去泡湯，過程中就會聊天，會問最近有沒有遇到什麼問題呀，有沒有什麼想做的事？他常常都會問這個，或者問說你以後想要幹嘛。」

黃聲遠會創造許多非正式場合和年輕建築師互動，也透過這個機會了解他們的未來計畫。和黃聲遠的互動方式沒有面對老闆的沉重，也不是面對師長的恭謹，而是很輕鬆親切的對談方式，他們甚至可以開黃聲遠的玩笑，劉黃謝堯笑著說他是個很好虧的人，在他面前講話可以很輕鬆，他很能開玩笑。

與仿若朋友的黃聲遠相處，可以自然的與他分享生活中的大小事，因為把成員們當作朋友，所以黃聲遠也很重視他們的家庭。劉黃謝堯說：「他很能體諒家裡的事情。」

黃聲遠會設身處地的為田中央裡面的年輕建築師們著想，為他們的未來發展煩惱，擔心年輕人留在田中央對他們的職涯發展是否有幫助。劉黃謝堯說：「其實他自己也有壓力，他常常說把人留在這裡，他也不知道是對還是不對，他覺得來這邊做了五年，如果你是在外面做五年，也許可以過更好的生活。」

在田間工作生活的建築師歲月，和選擇在繁華都市裡的大型事務所工作，是不相同的生活體驗與收入。儘管田中央成員們選擇留在田中央，是因為這裡有吸引他們的地方，但是黃聲遠對於年輕人還是有股不安的虧欠感。

劉黃謝堯與妻子是事務所內的夫妻檔之一，黃聲遠也會為他們設想，劉黃謝堯說：「黃老師就建議我說，我們兩個不用都待在這邊，不然要是哪一天公司垮了，我們壓力會瞬間變大，就是風險要分散。他會講這類的事情。」除此之外，他也關心他們夫妻的生活廣度：「因為我跟我老婆是大學同學，他就覺得如果我們兩個都在這邊的話，那同質性會太高，生活領域、交友的面向會不太廣，他覺得我們應該要有一個出去做別的事情，或是去別的公司上班，讓自己不論是社交圈，或是學到的事情比較不一樣。我也覺得他講的滿有道理的。」因為黃聲遠是站在對方的立場為人著想，所以接收的人也可以感受到這真誠的善意，因而認同他的建議。

對於劉黃謝堯而言，黃聲遠是多面向的老師，除了從他那裡得到建築知識與技巧、設計的引導之外，在自己生命發展的歷程上也得到關懷與建議。

前輩是學習的好對象

在田中央事務所裡面，除了黃聲遠，還有許多經驗豐富的前輩，是年輕建築師學習與提問的好對象。執行長小杜、工務經理楊大哥、還有工地經驗豐富的小白，都是學習的重要對象。

在田中央有重要地位的工務經理楊志仲，大家稱呼他「楊大哥」，許多田中央的創新設計都是借重他的工程經驗得以實踐，楊大哥非常有工程經驗，他是宜蘭人，也在台北工作過，因為一些因緣際會跟黃聲遠認識，就被請回來上班。楊大哥豐富的工程經驗，是田中央很大的助力，因為建築師的長才是建築設計，需要熟習建築工程的專業人員提供幫助才得以實踐。劉黃謝堯說：「黃老師想做的一些奇奇怪怪的材料或是構造，一些比較實驗性的東西，可以藉由他的經驗解決一些技術性的問題。」

楊大哥也是協助年輕建築師進入工地脈絡的重要引導師，劉黃謝堯認為，比較年輕的建築師，來一年、兩年之後就會直接上工地，但是那時候其實他們對工地的事情都是一知半解，不知道的情況下，就要抓著楊大哥或是抓著小杜、黃老師一起去現場看，然後透過這些過程把東西學起來。在工地裡碰到的事情除了監造建築之外，更重要的是學習與工人們溝通，他說：「一些工地的事情也都是學校裡面比較少會碰到的，一個是說跟人的相處，因為那邊工作的人他的背景跟你比較不一樣，他會用他自己的方式做事情，你為了要達成你想要的目標或是品質，就必須要用他的方式或不一樣的方式來讓他了解……然後就是慢慢磨磨磨，加上楊大哥他們的幫忙，讓我們學得比較快。這也是在別的公司比較難學到的。」

學習使用對方的語言傳遞自己的想法，這是在學校裡面沒有的學習機會。若是想訓練一個獨立的建築師，進工地現場是很重要的操練，但是在其他的事務所這反而是難得的機會，劉黃謝堯認為，在別的公司，工地的部分常常都是切出去的，他們會請一個專門負責工地的主任監工、監造，所以自己設計完的東西，丟出去之後就跟原設計者沒關係，也不太會回頭來跟設計者討論，設計者不太有機會知道最後是怎麼樣被蓋出來的。劉黃謝堯形容這是一個「真實的體驗」：「那是一種很真實的體驗，就是一個東西被做出來的過程，是跟你在辦公室做模型完全不一樣的。」

真實的體驗帶給劉黃謝堯成就感與衝擊感，想像與現實的差距就是建築師調整自己、持續進步的大好機會，他說：「有時候會被限制，因為公共工程有時候你編好的預算、編好的材料，像是這道牆，做出來的效果跟你預想的有落差，所以下一次你可能就知道，這次編的預算或是畫的圖應該怎麼修改，就是常常能從這邊學到東西。」

劉黃謝堯認為，田中央資深老鳥小白既是學習對象，也是學習方式的榜樣。小白跟著黃老師很久了，從大學到研究所，幾乎都在事務所工作，由於小白研究所的老師採自由放任的教學方式，沒有給與太多的約束，讓他有自由的時間到田中央活動，畢業後小白當兵的替代役選在宜蘭文化局，又被丟回來事務所。常常需要跑工地的小白，就會抓著楊大哥跟他一起去工地，小白是工地經驗豐富的老鳥，但是當面對楊大哥的時候就又是積極學習的年輕建築師了。

當我們「泡」在一起

劉黃謝堯說在田中央裡面，向周圍的人學習的重要場合之一是「吃飯」，一起用餐的時間是他們很重要的分享時間，分享工作的問題，以及吸收別人的建議。他說：「譬如我會把最近這個案子遇到什麼問題，或者在外面給人家修理什麼的事情講出來，然後別人就知道你的案子遇到什麼狀況，他們會給建議，你可以試試看怎麼做之類的。」

「吃飯」是輕鬆的非正式的工作場合，而一日三餐也是生活裡面重要的時刻，在吃飯的時候大家會彼此分享最近的困擾，然後彼此協助。「聊天」的話題不只圍繞「建築」，因此這也是吸收不同知識的好機會，有時候聊一些社會的事情、娛樂的事情、或是出國留學過的人分享一些留學的經歷，或是講講同學在別的公司做的事情，反正就亂七八糟任意閒聊。大家提供不同經驗的分享，因此在田中央透過吃飯可以知道很多有趣的新鮮事物。

正因為「吃飯」是如此重要，所以田中央請了阿姨到事務所內為大家烹煮午餐，一個星期來煮兩次中餐，另外的時間就三三兩兩約了在附近吃飯。當有阿姨煮飯的日子，所有田中央成員會集合到二樓的大餐桌吃飯，這件事情有多重的好處，一方面避免外食的不健康或太油膩，一方面不需要跑出去，再者還會有家的感覺。「家」的氛圍，更確立田中央既是工作也是生活方式的意義。

田中央的互動方式比較像一群朋友，或者是學校裡面一群學長姐、學弟妹的氛圍，不像是公司裡因工作職掌結合的任務團體，因為他們是真實的「生活」在一起，夏日裡一起去游泳，冬日裡一起泡溫泉，除了吃喝玩樂在一起之外，在這裡也有機會找到志同道合的朋友，一起為理想奮鬥。劉黃謝堯說：「在別的公司好像下班就下班了，同事之間不太會一起去做一些什麼事情。像我們之前有個很好笑的，先前那個文林苑在抗議的時候，我們就四個人開車，一大早衝過去抗議。就覺得這邊還是有點包容性，你看不過去的事情都可以講出來。」

在田中央除了可以向身邊的人學習之外，也能夠在這裡找到相同信念、有共鳴、可以一起「做點什麼事情」的朋友。

到處提問到處學

除了向事務所內部的人學習之外，田中央也有一些外部的網絡資源，劉黃謝堯表示田中央長期合作的顧問公司是他們重要的請益對象，他舉了兩間顧問公司為例：「我們常配合的顧問公司叫泊森，他們是做道路的土木的，土木技師跟結構技師的證照是分開的，他們是不同的專業，他們還有水利，就像是設計河川的。像剛剛講的海岸的競圖就是找他們的水利技師來當我們的顧問。」田中央也有長期合作的景觀設計顧問公司：「另外一個公司叫高野，老闆是一個日本人，娶了台灣老婆，在宜蘭開分公司。他們就對石頭、植物，還有一些當地的材料很了解。」

日商高野是業界有名的景觀設計公司，在陳定南縣長時代參與羅東運動公園的改造計畫，從此生根台灣，持續參與宜蘭和台灣的許多景觀設計計畫。田中央開放顧問公司的資源給每個成員使用，透過向不同領域的專業人員討教增進建築師的職能。

有些成員待過田中央一段時間之後，又去其他地方發展自己的事業，他們多半和田中央保持良好的關係，這些關係網絡也成為田中央重要的無形資產。像是買下三星張宅的四人組之一的 Alpha，原本在田中央工作，劉黃謝堯說：「他現在就是回家了，他們家在田尾，是園藝店的那種，他爸爸也是開園藝公司的，所以對樹非常了解。像我們這次雲門的植栽設計，他就變成是我們的植栽顧問。」

良好的關係網絡不斷擴張，為田中央帶回新的知識與資源。故友之外亦需要新知，公共建築建案的使用者比較多元，因此在建築設計時要考慮不同族群的需求與使用特性，此時他們會在宜蘭尋找資源。劉黃謝堯說明他們會做使用者調查，舉例說：「像之前我們同事汪煒傑，他做美術館，他們之前是想把美術館定位成兒童美術館，所以有一個空間是要做有點像小朋友的工作室……他們就跑到冬山的慈心華德福實驗小學去問。」

田中央的建築設計奉獻給宜蘭，宜蘭也回饋他們許多資源，劉黃謝堯認為，在宜蘭很多資源都是開放的，都可以去問，透過這種管道能學到很多原本不知道的事情。而藉由向充滿開放性的平台提問，更能了解使用者的特質與需要，自己也透過建築專業，寬廣的認識世界。

未來：農業是我的根

自國中認識黃聲遠之後，劉黃謝堯就埋下踏上建築的道路，一路走來，他對建築的熱情持續燃燒，建築設計除了是他吃飯的專業之外，也是帶領他看到社會其他面向的一扇窗。他說：「我覺得透過建築這件事情，讓我對一些行政或是一些社會事務的了解變得比較清楚。」特別是透過在地方訪問調查的過程，他更深刻的認識這片土地，進而激起富正義感的心有更多的思考，他認為藉著自己已有的技術，去幫助自己了解更多面向的事情，是比較難得的事；建築專業帶給他一把更深入認識台灣的鑰匙。

未來劉黃謝堯仍然將繼續從事建築設計，但是農家出生的他始終認為農業是他的根，將來有一天也會想要自己弄一個果園，或是想做一點可以跟有機有關的事情。不見得是要像賴青松那樣以全職的型態投入，但是還是對這些事情有相當程度的關心。農業之外，他也有感台灣許多有在地特色的觀光資源，由於沒有好的曝光平台，導致遊客不得其門而入：「宜蘭有很多特色小店是年輕人開的，他們把老房子重新裝潢，在裡面開展演空間演奏音樂，或是咖啡廳之類的，他們使用在地素材展現當地特色。可是這些地方別人找不到，因為沒有人知道……縣政府好樣沒有做一個全盤的地圖，把這些真的很有特色的東西建構成一個平台。」

開放資訊流通的平台，讓更多在地特色廣為人知，是他新關注的議題。透過建築、透過田中央，他跟一般建築工作者相比，有更寬廣多元的視野。

第四篇

結論與反饋

第一章　穀東俱樂部的社會創新與師徒傳承

社會創新是幫助一個社會結合舊智慧跟新智慧、提高社會發展解決問題的能力與新想法（Mulgan et al., 2007），本章將分析穀東俱樂部的社會創新模式，說明賴青松如何結合不同領域的舊觀點、成為一個新的解決方案，並且探討其社會創新類型。另一方面，社會創新尋求的是長期且持續性的社會變革，從事社會創新者期待透過理念的擴散使創新被社會接受、採納，同時提供大眾新的概念與思考方向，因此社會創新者會致力於傳遞社會影響力，以達到長期且持續的影響為目標（Caulier-Grice et al., 2012; Dees, 1998），本章也將探討穀東俱樂部的社會影響力。

穀東俱樂部的社會創新模式

穀東俱樂部為賴青松的社會創新，他和何金富一起將不同領域的概念結合，引入農業產業，為小農耕種面臨的耕種投資與銷售通路雙重困境提供解決方案。以下針對穀東俱樂部之社會創新模式，進一步分析如下。

創新點

1. 風險共同分擔的委託種植

榖東俱樂部採用風險共同分擔的委託種植模式營運，賴青松以「委託種植」中關鍵的三個概念來解釋：

「預約訂購」：是消費者的支持；

「計畫生產」：是生產者的承諾；

「風險分攤」：是生產者與消費者雙方的共識。

委託種植制就是由以上三個關鍵概念結合而成的。當生產之後若有多餘的產出，那麼必須攤還給消費者，因為他們以預購的方式支持農夫，讓農人沒有後顧之憂的善待土地；同樣的，當減產的時候也由大家一起分攤損失。

2. 預約訂購概念

榖東俱樂部的付費概念是使用預約訂購的方式，這樣的想法在當時是很有勇氣也很有突破性的想法，因為當時「預購」的概念在台灣並不容易被接受，大家不太能夠相信沒有看到產品就購買的概念。因此創業初期透過何金富的人脈找到了第一批榖東，而成功奠定榖東俱樂部以「預購」的方式販售稻米。

3. 共同購買概念

穀東俱樂部受日本生活俱樂部的影響很深，因此賴青松在命名上面也沿用了「俱樂部」三個字，「生活俱樂部」是由一群關心食品的消費者組成，他們結合這個消費力量到農村，改變目前大量使用農藥或化學肥料的生產方式，因而成功的改變消費者得到的產品品質，而消費者與生產者中間需要一個對話的途徑，或者說一個能夠促進對話的人，三方具備之後這個結構就可以穩定的成長（賴青松，2002）。賴青松認為這是個三贏的概念！

創新內涵

根據莫根等人（Mulgan et al., 2007）列舉出的潛力社會創新領域來看，賴青松的穀東俱樂部滿足的需求包含「富裕社會衍生的行為問題」中的飲食問題，隨著國民「對生活品質的期待提高」，台灣已經擺脫需要增加產量提供糧食的時代，而進入關注食品安全與健康的社會，穀東俱樂部提供友善安全的稻米，正滿足此一需求。而依照學者提出的社會創新類型分析（Caulier-Grice et al., 2012），穀東俱樂部提供的社會創新類型包含：

1. 新商業模式（new business model）

穀東俱樂部為一創新商業模式，它是「風險共同分擔」的委託種植制，也就是由所有的出資者——「穀東」共同分擔耕種的投資與風險，當然也一起享受稻米的收成。穀東俱樂部的創意來自賴青松與何金富的討論，加上委託種植和預約訂購的概念，以及日本生活俱樂部共同購買的概念，是將不同領域的新舊想法融合而產生嶄新的創新商業模式。

2. 新平台（new platform）

穀東俱樂部是賴青松維生的工作，同時也是連結生產者與消費者的重要平台，更是他擴散自己的社會性目的的管道。為了能夠與消費者溝通，賴青松發展出傳達田間訊息的「米報」，從穀東俱樂部第一次寄送稻米開始，就隨著每月寄送稻米時，寄送圖文並茂的「米報」，其他時間則透過 email 寄送田間的訊息，慢慢的在穀東俱樂部成立兩年後，開始有了「青松米——穀東俱樂部」部落格。

為了讓穀東可以跟農村接觸，他每年舉辦「插秧聚」、「收穫聚」和「冬聚」三個活動，讓穀東可以進入農村，培養穀東對「農村」和「無毒食品」的認同感。

穀東俱樂部除了是販賣稻米的生產者之外，也是連結產地與消費者的對話平台，因此賴青松形容穀東俱樂部是生產者和消費者，以及都市和農村之間的一座橋樑。

穀東俱樂部的社會影響力

社會創新追求的是長期且持續的社會變遷，因此希望創新的解決方案能不斷被擴散、採納，直至取代現有的不效率方案或是改變現有的社會概念為止，社會創業家通常靠社會影響力達成社會創新的擴散（Caulier-Grice et al., 2012; Dees, 1998; Mulgan et al., 2007），以下將分別說明賴青松與穀東俱樂部對穀東、社群及社會大眾之影響力：

- 穀東：購買產品的穀東是穀東俱樂部擴散理念的第一線，賴青松堅持不擴大穀東俱樂部的規模，設定認穀上限，避免「大穀東」的出現，雖然消費者越多溝通越困難，但是他希望可以向更多的人訴說自己的理念。穀東俱樂部不只是提供好米的生產者，也是將產地的故事、對農村的關懷傳遞出去的平台。
- 社群：穀東俱樂部深耕十年，賴青松成功建立有志於友善農耕的歸農社群，成功牽線許多進入農村耕種的社群，包含半職歸農農夫組成的「倆佰甲」，以及其他歸農農夫，集結大約十六公頃的耕種面積，由非宜蘭本地人的外地歸農者耕種。
- 社會大眾：賴青松除了耕種之外，很大一部分的時間致力於四處傳講理念，宣傳之餘他也積極傳承給年輕人，徒弟宜蘭小田田團隊就承接了賴青松風險分擔的商業型態，以及關心友善農業和復興農村的使命感，師徒之間互相吸引，賴青松更激勵了宜蘭小田田的社會性目的。

賴青松的穀東俱樂部對穀東、歸農社群、年輕學子及社會大眾產生一定的影響力，他同時透過網路科技、文字發表、演講等不同型式散布自己的理念，擴大自己的社會影響力。歸農十年後他成為《看見台灣》紀錄片中友善對待土地的代表性個案，也看到他所影響的社群和傳承的徒弟都有自己的發展與擴散，賴青松已經成為一名有影響力的社會創業家，也成功塑造了關心農業的社群部落。

穀東俱樂部的創新發展脈絡

社會創新的產生來自未被滿足的社會需求，從事社會創新的組織，懷有改善社會的社會性目的，將滿足需求的過程視為其社會性任務（Caulier-Grice et al., 2012; Dees, 1998; Mulgan et al., 2007）。以下分別說明穀東俱樂部所關心的社會需求及其社會性目的。

社會需求面

1. 現有解決環境議題的方案，無法創造長期且可持續的影響

大學就讀於成功大學環境工程學系的賴青松對環境議題很有興趣，但是學校的教育不曾給他解決環境問題的解答。當時的教育方針著重在「工程」的技術知識，缺少對於「環境」的關懷。而後他參與許多社會抗爭活動，也曾在不同的非營利組織內任職，渴望尋求解決環境問題的方案，但是始終覺得這些方式無法提供長期而持續的解決方法，他領悟到環境保護需要完整而全面的思維。

2. 小農耕種的困境，農業需要的投資成本與銷售的通路問題

台灣目前農業的產業狀況是規模經濟的產業，需要擁有大片的土地、耕種所需的各式機器，才能夠在現行的低價收購制度中獲利，而採用自然農法友善耕種的小農，因為不使用農藥與除草劑，因此需要仰靠大量勞力，以致於無法耕種廣大的農地面積，小資本耕種的小農需要克服的困境是耕種需要租田地、買器材、施肥等等的投資，以及缺乏銷售管道的困境。

3. 民眾對於既好吃又健康的稻米的需求

賴青松第一次試種的稻米多半分送親友，在一年之後收到他們紛紛來信詢問之後的產品，並且出現有小朋友拒吃其他稻米的現象，這讓賴青松發現社會上對友善耕種的稻米的需求，這些迴響給他很大的激勵，成為他再一次回歸田園的支持與驅動力。

4. 希望歸農卻苦無門路，以及大眾渴望深入認識農村的需求

賴青松在生命歷程中發現都會的綠色需求，以及大眾對深入農村的渴望，在一步步經營穀東俱樂部之後，發現自己的穀東裡面，有許多人表示希望有機會更深入的認識農村，更發現許多和他一樣懷抱歸田夢的人，但是那些人由於沒有通往農村的社會網絡，所以苦無進入農村的機會。

社會目的面

賴青松因過去生命經驗的累積，同時有何金富這樣一位深諳耕種技巧並且關心農業的導師為他帶來支持與資源，再加上過去主婦聯盟時代累積的知識、經驗與網絡，讓他可以開創穀東俱樂部。創辦穀東俱樂部時，賴青松說自己想做的事情就是：「給他們米、故鄉，還有一條回鄉的路」。將此初衷分為兩個明確的社會性目的，分述如下：

1. 關懷環境議題

環境議題一直是賴青松關懷的社會問題，同時也對提供穀東們健康的稻米有使命感，因此他的環境關懷是對土地、也是對土地上一起生活的人們，穀東們也是賴青松擴散關懷環境概念的重要對象。因為如此，他堅持為穀東俱樂部訂定認穀上限，維持所有的使用者都是零星散戶，儘管做散戶的生意比較辛苦，但是賴青松卻堅持如此，因為他想要的不只是達成「做自己想做的事」的夢想而已，他也在建構自己更大的影響力，而穀東俱樂部也確實幫助他達到此目標。

2. 復興農村文化

台灣目前的產業以服務業為主，農業衰微已久，因此農村有嚴重的人口外流問題，而農村文化也隨著年輕人的離開日漸消散，賴青松對此現象有強烈的使命感。

對於帶領宜蘭小田田進入農村這件事情，除了延續農村文化之外，更直接的刺激了現有的農村生態；年輕人進入農村，把原本欠缺的社會結構補滿，現在老、中、青通通都有了，賴青松認為這樣幫助農村成為一個比較完整的系統，透過新成員與老舊成員的互動，村子就再度「活起來」了。

「故鄉」是賴青松生命中的一大眷戀，並且他認為這是人們能夠向前努力的重要原動力，為了復興農村，賴青松積極的以轂東俱樂部的方式激起大家對農業的關注與關心，並且也積極傳承給宜蘭小田田，為年輕人開闢一條歸農的路，此外，他也為其他和自己一樣想歸農為生的人開拓新機會，當一個村莊裡面的所有人，大家多多少少都能夠投入農事，恢復過去「以農為本」的樣貌，那就是賴青松心中最夢幻的農村樣貌了。

社會創業家的傳承

以下釐清賴青松師徒關係屬於何種發展網絡類型，並且探討其中是否存在同儕師徒關係和反向師徒關係。

師徒關係網絡

◆賴青松視角的師徒關係網絡

圖五為賴青松個人的職涯學習發展網絡圖，包含他承先啟後的兩代師徒關係，以及同儕師徒關係。

影響賴青松最為深遠的是亦師亦父的職涯導師何金富，而轂東俱樂部的創業也是兩人合作共同開始的，在創立轂東俱樂部時，賴青松也深受日本生活俱樂部的概念影響，此二者可說是賴青松創辦轂東俱樂部最重要的關鍵。賴青松過去與阿公生活的點滴，則是他自

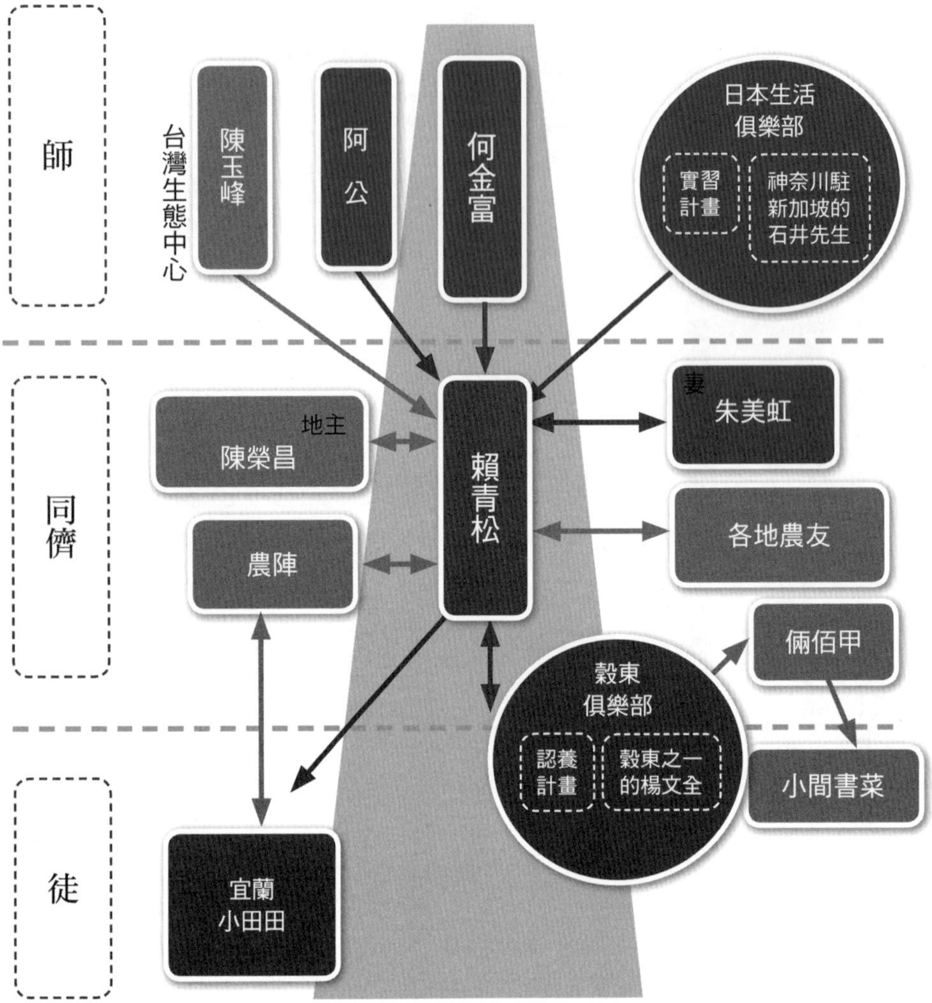

圖五　賴青松師徒關係發展網絡圖

幼時即根植於生命中的召喚，牽引他踏上農業這條路。在台灣生態研究中心跟隨陳玉峰老師，那段經驗留下賴青松習慣實際奔赴田野研究的學習方式，創辦穀東俱樂部之後，也時常前往台灣各地不同農場切磋學習。由此可見賴青松學習的來源很多，多元性頗高。

至於賴青松的同儕師徒關係，他有從主婦聯盟時代便結交的農夫網絡，散布在台灣各地，彼此之間會互相交流、學習與鼓勵。賴青松表示目前與自己維持固定關係，會互相寄送農作物、往來拜訪的農人，大約十個左右。請益的對象，大多是深溝村之外的農夫，而非就在身邊的鄰居。主要是因為鄰居們仍然以傳統施用農藥與化學肥料的慣行農法耕種，而非如賴青松一般使用自然農耕的方式耕作。此外，請益討教仍然需要一定的關係基礎，所以賴青松主要詢問的對象都是自己認識的、有關係的人。而那十個人也就成了賴青松遍布台灣的關鍵人物（key man），當他需要資源的時候，就由這些人連結出去。

共同關心農業議題的社群也是賴青松的資源網絡，當他想尋找年輕人來分擔農務面積時，就接洽農陣的蔡培慧，經由農陣的連結與組織，誕生了以「宜蘭小田田」為名的實習計畫。此外，賴青松的妻子朱美虹是他生命中重要的支持，也是他的重要學習對象，由此可見賴青松擁有豐富廣度和緊密深度的同儕關係，提供他多元而親密的支持。

從反向師徒制的角度來看，由賴青松傳承出去的有年輕團體「宜蘭小田田」，還有穀東俱樂部穀東楊文全創辦的「倆佰甲」，另外也有許多依靠賴青松而能夠進入農村耕種的社群。將宜蘭小田田帶進村子裡，對賴青松而言有許多的益處，為未來與老人家的互動鋪了一條更有利的道路。而他也利用這個年輕團體與村中的老農陳榮昌結合，鼓勵老農轉作自然農耕。

所以賴青松就把握這個機會讓小田田與陳榮昌主委結合，創造三贏的局面。宜蘭小田田對賴青松而言是前往未來的希望，而倆佰甲則是在農耕上面能一起努力的夥伴，他們進入農村給賴青松帶來更多資源，也讓資源社群更擴大，提供賴青松知識分享、建立社會網絡等反向師徒關係的職涯功能，和接納、認同、友誼等心理社會功能，由此可見賴青松也擁有反向師徒關係的支持。

從賴青松豐富的發展型網絡來看，其師徒關係網絡的訊息來源充滿多樣性，除了啟發自己的導師來源多元之外，也擁有豐富的同儕師徒關係資源，並且其所傳承的徒弟和擴散的社群皆提供豐富的反向師徒關係功能。賴青松的導師來源豐富且以緊密親近的強連結關係為多，其師徒關係發展網絡是屬於「創業型發展網絡」。

◆小田田視角的師徒關係網絡

圖六為宜蘭小田田的職涯學習發展網絡圖，由圖可見宜蘭小田田的向上師徒關係與同儕師徒關係。

宜蘭小田田擁有豐富的導師資源，其中以賴青松為最關鍵的導師，帶領他們進入農村脈絡、幫助他們租賃農地，並且指導他們進行農耕，更為他們連結其他的學習資源。另外

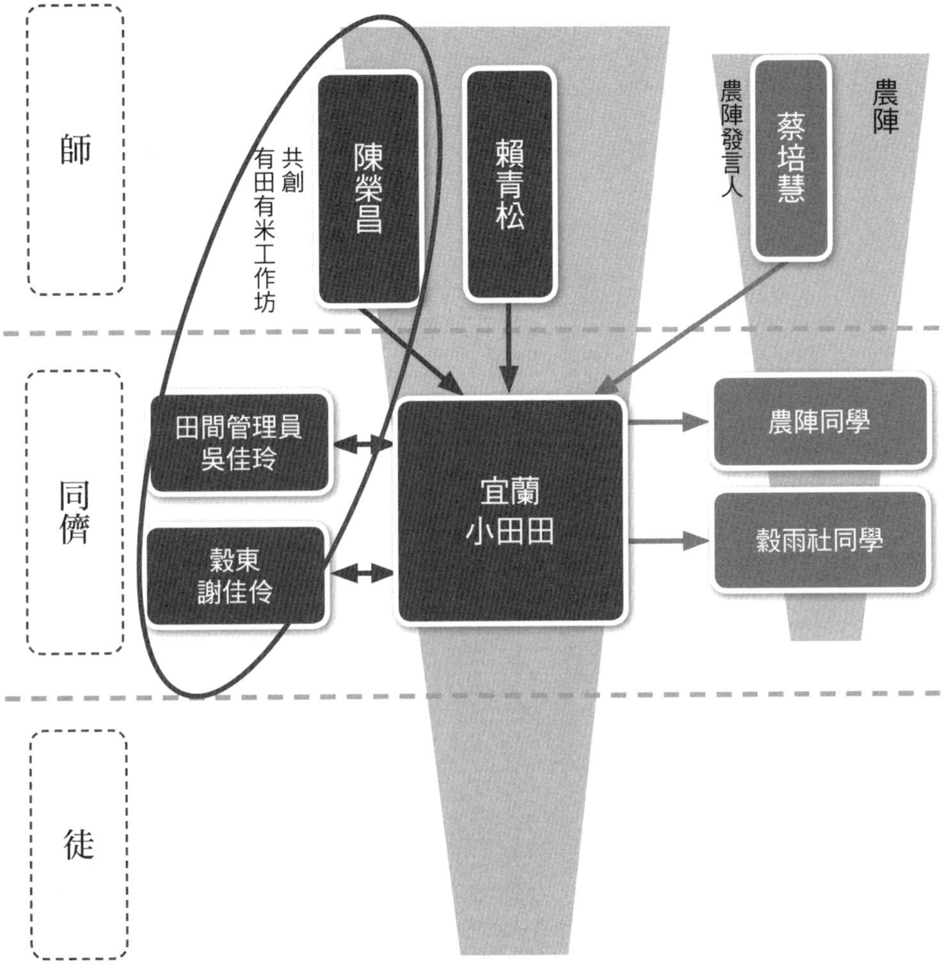

圖六　宜蘭小田田師徒關係發展網絡圖

一位重要的農耕導師是七十四歲的老農陳榮昌，他原本是宜蘭小田田的地主，後來更成為宜蘭小田田協助轉型友善農耕的老農，販售其種植的「阿公的米」，這樣的互助關係讓師徒關係變得更緊密。

另一位宜蘭小田田認定的老師是代耕業者李漢奇，他會幫他們插秧，也會教他們管理田地的一些小撇步。其實對這群農村菜鳥而言，農村每個人都可以成為老師，只要你敢開口，處處可以學習，而且他們都很願意回答。

一開始這群青年從閱讀農業相關的書籍、新聞、開讀書會、參與社會運動的抗爭活動開始關心農村，最後物以類聚的連結到台灣農村陣線，在那裡互相學習並且組織成為社群，在賴青松與農陣蔡培慧聯絡之後成立宜蘭小田田的農耕實習計畫，才踏上青年返鄉歸農之路。獨立之後，農陣的社群網絡成為宜蘭小田田的支持，宜蘭小田田計畫當自己的自產自銷狀況穩定之後，能夠回去將農陣的年輕人導引進來。

宜蘭小田田團隊成員都是初次耕種的田間新手，之間訊息傳遞的方式主要是透過成員間共組的臉書封閉性社團張貼消息，並且透過網路討論。通過網路讓在台北的團隊成員也可以收到即時的消息，一起參與討論，駐地人員李威寰和吳佳玲之間，則主要是靠口頭傳遞訊息。李威寰描述成員之間的關係是夥伴關係、互相解惑，由此可見宜蘭小田田擁有緊密的同儕師徒關係。

在反向師徒關係上面，宜蘭小田田謙虛的認為他們無法給賴青松什麼回饋，因為賴青松的內涵實在太豐富了，吳佳玲形容賴青松的內涵「多到滿出來，接都接不完」。但是多了這群年輕人，無形中賴青松就多了一批有力的生力軍。雖然宜蘭小田田團隊認為他們對年輕導師賴青松，無法提供反向師徒關係中知識和資源分享的職涯功能，但是他們對賴青松的尊敬與認同確實提供了心理社會的功能。

面對七十四歲的老農導師陳榮昌，千禧世代雖然不擅農耕卻擅於蒐集新資訊，宜蘭小田田常帶新的資訊回來跟他討論，針對實務做法一起改良。如此提供了反向師徒關係中知識分享和提供新觀點的功能。宜蘭小田田的年輕人談起他們的「阿伯師父」時，臉上充滿崇拜的笑意，除了阿伯可以在每天的農事問題上解救他們之外，阿伯勇敢轉型的舉動更讓他們感佩。

而陳榮昌持續學習的精神更令宜蘭小田田深受激勵，他投入轉型與傳承的原因也讓宜蘭小田田很感動，他是為了讓孫子能吃到安心的稻米而毅然轉型的。在互動過程中，他們彼此提供了反向師徒關係的心理社會功能中的認同與接納、肯定與激勵等功能，以及可模仿的舉止和價值等角色楷模功能。

宜蘭小田田的計畫於二〇一三年終止，自二〇一四年起宜蘭小田田原成員吳佳玲，與阿伯師父陳榮昌、宜蘭小田田的穀東謝佳玲三人共組「有田有米工作室」，延續風險共同分擔的穀東模式，是宜蘭小田田發展型網絡中資源的重新連結，為此師徒關係的新延伸。

宜蘭小田田擁有賴青松、陳榮昌、李漢奇等豐富的導師資源，在同儕師徒關係上面，團隊成員間也提供互相學習和緊密的情感支持等功能。宜蘭小田田主要的學習來源是同在深溝村從事相同產業的農業工作者，並且有緊密的強連結，這點與「傳統型發展網絡」的概念相似，但是由於導師的來源具有多元性，例如新農夫賴青松和老農陳榮昌擁有的知識、資源、訊息來源及至創業目的都有很大的歧異程度，因此宜蘭小田田的師徒關係類型也具有「創業型發展網絡」的特徵。

師徒關係功能分析

師徒關係是個人職涯發展重要的助力，因為它提供許多對師徒雙方都有幫助的功能，這些功能區分為職涯功能、心理社會功能和角色楷模功能。以專業和職涯發展為主的「職涯功能」，提供徒弟專業知識上的幫助、展現的機會和適當的保護等；「心理社會功能」則是提供心理上的支持，在互動關係之中導師提供徒弟職場與生活相關議題的諮詢，徒弟可以得到支持和鼓勵，而導師則獲得尊重與認同，並且雙方發展出的友誼，可以幫助個人抵抗工作中的壓力，為師徒雙方帶來滿足；導師的態度、價值觀和行為提供徒弟可供效仿的示範與目標，此為師徒關係的「角色楷模功能」（Goodyear, 2006; Kram, 1988; Scandura, 1992）。

以下將討論賴青松的兩代師徒傳承關係之功能，包含自身學習歷程之師徒關係功能，以及師徒關係傳承給年輕人時提供了哪些功能。

◆賴青松視角的師徒關係功能

1. 職涯功能

何金富是引起賴青松對農耕的興趣的老師，他的教學生動有趣，賴青松形容何金富是一個讓人很有「感覺」的老師。由於何金富看出賴青松對農業的興趣是由自己點燃的，面對這個念了碩士又不想念博士的年輕人，他對賴青松是有負擔的。另外一方面，由於何金富一直關心農業，但是找不到更貼近農村脈絡的切入點，因此當察覺賴青松對農耕的興趣和想當農夫的念頭時，他便成為賴青松實現夢想最大的助力。

賴青松與何金富的師徒關係中，提供了「教練」（Coaching）的指導功能、導師使用自身資源協助徒弟表現自我的「展現的機會」（exposure-and-visibility）、導師以自身資源成為徒弟的幫助，提供「贊助者」（Sponsorship）功能，此外兩人的師徒關係也提供了「保護」（Protection）的功能。賴青松和何金富的師徒關係涵納豐富的職涯功能，給予賴青松在社會創新的創業過程中很大的幫助。

2. 心理社會功能

賴青松與何金富的關係十分親近，雖然相差十八歲，但賴青松稱呼他「何大哥」，何金富對他來說又像老師又像爸爸，兩人相識於主婦聯盟工作時期，當時兩人之間的互動就很緊密。當賴青松有煩惱的時候，何金富會傾聽他的煩惱，一邊聽一邊讓他拿起鋤頭、圓鍬動手做，不只給他心理上的安慰與方向，也透過實作讓賴青松的精神得到放鬆。到現在兩人一直維持親近又有深度的關係，賴青松認為他是身邊最了解自己狀況的人。

賴青松決定以農夫為職業也與何金富有關，他戲稱他與何金富是彼此「相害」的關係。當年賴青松邀請何金富擔任主婦聯盟的家庭園藝班老師而成為教育者，何金富後來更成為淡水社大的老師，一回首已經當了二十年的老師，賴青松對於何金富非常認同也很景仰，蔬菜種植的課程可以不斷發展到現在，賴青松認為跟何金富本身的魅力有很大的關係。

在心理社會功能方面，賴青松與何金富的師徒關係提供了高頻率且多元面向的「諮詢」（counseling）功能、兩人之間密切的關係也發展出深厚互信的友誼（friendship），並且賴青松從何金富身上得到支持與鼓勵，而何金富則擁有賴青松的尊重與認同，因此兩人的師徒關係也提供「接納與認同」（acceptance-and-confirmation）功能。此一師徒關係擁有親密而深厚的心理社會支持功能，因此兩人的關係可以維持近二十年之久，直到現在依然提供彼此心理社會上的支持。

3. 角色楷模功能

賴青松認同何金富「亦師亦父」的角色，當自己做為傳承者時，也經歷相仿的心境。他對於傳承「緣分」的出現是欣喜的，當願意學習的人出現的時候，賴青松熱情的分享知識與協助新人。他和何金富對傳承的熱情相仿，對年輕人的擔憂也相似，真心的為年輕人考量合適的未來方向。

在傳承上面賴青松也為宜蘭小田田尋找各種資源，其中最重要的就是能夠幫助他們進入深溝村社交脈絡的陳榮昌，由於宜蘭小田田缺乏脈絡，所以通過替他們牽線賣「阿公的米」，讓他們有進入深溝村社交脈絡的入口。

在農耕專業知識上面，賴青松也積極為宜蘭小田田鋪一條回到「原點」的路，因此他費心讓陳榮昌與宜蘭小田田有緊密的連結，讓他們擁有更多的資源。

何金富做為賴青松的導師，成為吸引賴青松願意擔任導師的楷模，而過去的教學方式和師徒關係提供的資源與幫助，都成為賴青松在指導年輕人時潛移默化仿效的模範，由此可見何金富成功地提供賴青松角色楷模的功能，且影響深遠。

◆小田田視角的師徒關係功能

1. 職涯功能

賴青松是引領宜蘭小田田進入水稻耕作世界的領航員，也是帶領他們進入農村脈絡的開路人。一開始這群年輕人來到宜蘭的時候，賴青松帶他們四處遊歷，去了羅東運動公園、梅花湖等等的地方，認識宜蘭，希望在遊山玩水的過程中引起年輕人的興趣，因而開始宜蘭小田田實習計畫時，他讓年輕人在愉快的氛圍中進入農耕的脈絡，為他們設計了一整套完整的規劃。

賴青松也是宜蘭小田田的水稻種植入門導師，剛開始自立耕種時，宜蘭小田田常常與賴青松見面，逐漸上手之後則是每天與賴青松電話聯絡，透過電話詢問大大小小的問題。除了專業知識的傳授之外，賴青松會出「習題」給他們，讓小田田自主決定是否要協助陳主委賣米，當小田田做下這個決定之後，稻米如何包裝、行銷、定價等等的事宜就都放手讓小田田自己去思考、設計與執行，透過挑戰性任務幫助他們成長。

打工換宿是賴青松給宜蘭小田田的另一個習題，賴青松希望他們能夠思考如何招呼來打工換宿的人們，引起他們的興趣，為來者鋪一條進入農村情境的路，但是農耕第一年，小田田成員光是耕種與販售就已經焦頭爛額了，因此並未提供打工換宿者任何行程上的安排，儘管有些失望，但是賴青松也明白宜蘭小田田還沒有那個同理心可以去為別人設想，因為他們自己本身都還在碰撞與摸索。

知道宜蘭小田田對介紹年輕人認識農村文化很感興趣，因此賴青松介紹許多相關資源給他們去嘗試操作，例如與龍安國小的合作，就是透過賴青松的牽線。

開放空間讓宜蘭小田田自己找答案、放手實驗的同時，賴青松也為他們擔了一定程度的責任。在宜蘭小田田實習期間，一群年輕人為了徹底執行友善農耕的原則而不用農藥也不施放苦茶粕，導致福壽螺橫行，直到有鄰居來按賴青松家的門鈴抗議，因為猖狂的福壽螺甚至影響到隔壁的稻田，儘管如此賴青松仍然讓宜蘭小田田自己去討論決定到底要不要施放苦茶粕，最後他們用了苦茶粕，但保留一部分的田嘗試丟鳳梨皮的新方法。

除了提供自身的農業知識之外，賴青松也積極為宜蘭小田田連結資源。宜蘭小田田決定留下耕種之後，賴青松協助他們租賃到面積更大的田地與農舍，並且介紹地主陳榮昌主委給他們，讓他們協助陳榮昌賣米，如此可以名正言順的向陳榮昌請教農事問題，也取得一個進入農村的連結點。

賴青松與宜蘭小田田的師徒關係中提供了豐富的職涯功能，包含「教練」功能、「贊助者」功能、「保護」功能和「展現的機會」功能，讓宜蘭小田田有機會實現夢想、嘗試自己的想法，更設計了「挑戰性任務」促進宜蘭小田田多方的思考。

2. 心理社會功能

最初宜蘭小田田的計畫出現，始於江昺崙聽了賴青松的演講之後大受感動，對他的故事很有興趣也很佩服，因而與賴青松聯絡，一群年輕人浩浩蕩蕩到他的田間參訪。

新手農夫要面對田間勞務的身體壓力之外，更背負著水稻的生命以及對穀東們的承諾，休學從農的全職田間管理員吳佳玲更要背負休學的壓力，而田間的事情又千變萬化常讓他們措手不及，這時賴青松與妻子朱美虹是他們重要的心理支持，提供心理上的鼓勵與安慰。田間新手有數不清的問題，他們幾乎每天與賴青松電話聯絡，師徒之間有緊密而富彈性的溝通管道。

賴青松與宜蘭小田田的師徒關係中提供了心理社會功能中的「接納與認同」功能，師徒雙方都認同自然農耕、復興農村文化等價值觀，賴青松支持青年歸農的夢想，宜蘭小田田成員敬重賴青松的成就。此師徒關係也提供頻繁而緊密的「諮詢」功能，導師提供個人經驗與專業知識，激發徒弟的想法，一起尋找解決方案。

3.角色楷模功能

賴青松對這群年輕人而言是一個夢想的代表，也是一個傳奇人物。他們認為「賴青松」是無法複製的，但是這樣一個傳奇人物的存在，給這群年輕人很大的鼓勵。宜蘭小田田期許自己能夠成為青年返鄉務農的可複製模範，能夠如賴青松一樣鼓舞人心，提供年輕人生涯規劃的新選擇。

賴青松對這群都市年輕人而言，也是一種生活方式的展現，李威寰（2012）的宜蘭小田田實習記錄中提到，實習過程中他們以賴青松為觀察對象，貼近的觀察了新農民的生活方式，這個經歷讓他們深思「生活」的不同樣貌，以及自己追求的是什麼樣的生活。

賴青松深耕十年的成果也成為宜蘭小田田仿效的目標，吳佳玲分享了一個賴青松穀東俱樂部的個案：「像青松大哥那邊他就是已經讓這些穀東習慣吃他的米了，然後變成穀東的孩子平常吃慣這種米，出去外面讀書外面的米吃不習慣，還打電話回家請他爸媽寄米過來。」這個個案成為宜蘭小田田的目標，他們希望能夠與穀東建立長期的關係，並且培育下一代擁有熟悉無毒稻米、健康食品的食物品味。做為一位師父，賴青松的價值觀、態度與行為都為宜蘭小田田提供效仿的示範以及對未來的期待，有完整的「角色楷模」功能。

第二章　田中央的社會創新與師徒關係

本章首先探討田中央聯合建築師事務所（以下簡稱田中央）的社會創新模式，包括田中央的創新點、創新內涵，其次說明田中央的社會影響力，以及剖析田中央的創新脈絡，最後探討社會創業家的師徒傳承內涵與功能。

田中央的社會創新模式

田中央建築師們運用創意，設計一個個形狀與功能具創意性與前瞻性的公共建築，展現出蘊含自由開放、公眾利益等社會關懷考量的建築物。田中央工作群融合過去在學校內學習的建築知識與技術，循著田中央重視的思維，不但展現嶄新的建築樣貌，也建構出新的社會風貌。

創新點

在建築技術與材料上，田中央工作群一直勇於嘗試新的可能，劉黃謝堯分享他們在設計的過程中會不斷實驗新的想法，像是黃聲遠看到的一些案例，他們就會想辦法試著做出來看看。

黃聲遠與田中央工作群善用自身的專業技術與知識、以及過去所累積的經驗，並融合了國內外的素材，將舊的經驗、材料或概念做新的展現與實驗，創造出富含人文社會關懷的公共建築。

創新內涵

依照莫根等人（Mulgan et al., 2007）提出的潛力社會創新領域來看，黃聲遠與田中央提供社會創新解決方案，歸屬於「增加國家與城市間的多元性」和「加劇不平等的情況」等領域。黃聲遠認為建築本身就是在追求自由的表現，透過建築可以維持社會中的自由，也能夠將由既得利益者把持的空間釋放出來給潛在需求者，這些特質使得田中央的公共建築能夠提高民眾的「幸福感」。

此處以社會創新類型（Caulier-Grice et al., 2012），分析田中央提供的社會創新內涵，有以下類型：

1. 新產品

黃聲遠與田中央致力於提供新的建築作品，在設計上面他們不斷思考要如何讓大眾看到更多的自由和可能性，透過田中央，黃聲遠希望實踐「建築就是生活」的理念。

除了充滿社會關懷的創新價值之外，他們也致力於實驗不同的建築工法和素材，劉黃謝堯分享田中央的工作模式，當案子發展到衝刺階段時，黃聲遠會是一個關鍵的引導角色，執行長小杜會請黃老師回來看看，還有什麼新的想法或應該要調整的，或是這次還有什麼事情是想實驗的。透過團隊合作，團隊成員各自發揮長才，完成新穎的想法或嘗試，創造出一個個造型前衛的作品，這些作品得到遠東建築獎、台灣建築獎等獎項的肯定，可見其嶄新的創意價值。

2. 新組織形式

社會創新類型中包含新的組織型態，此指以社會性目的為任務的新組織，或者是透過創新型態，例如社會網絡組成的組織（Caulier-Grice et al., 2012）。田中央聯合建築師事務所是由建築專業的建築師組成的事務所，社會創新的特質在於該組織以維護自由、追求生活可能性和關懷潛在使用者的社會性目的為己任。田中央相信建築可以影響人類生活，他們共同的追尋是自由，透過建築可以帶給人們更多的自由。為了維護大眾選擇的權利，田中央的建築設計也很重視人「選擇」的權利。

田中央的創立是為了達到「建築就是生活」的目標，也是為了提供一個快樂工作、快樂生活的地方。田中央是一個沒有「制度」的組織，重視的不是組織的秩序與效率，而是成員的成長，透過工作輪調讓成員有更多學習與嘗試的機會。

3. 新流程

田中央設計建築的流程中，特別重視基地與周圍地域和社區的關係，以及考慮到當地的人文歷史脈絡。與一般建築的流程不同點在於，建築師們投資很長的時間在當地蹲點、訪談，為了長期而深入的觀察、研究，也因為重視過程，所以田中央的作品往往費時甚久，以二〇一四年獲得遠東建築獎的羅東文化工場為例，費時十四年才完成，但是他們認為這是值得且必要的投資。

田中央的社會影響力

黃聲遠與田中央的社會影響力可羅列如下。

1. 利害關係人

田中央的建築作品以公共建築為主，因此可以影響到廣大的使用者，讓他們透過建築設計改變對空間的認知，並且改變周遭居民生活的空間與習慣，諸如此類的例子在田中央不勝枚舉。

此外，田中央的作品獲獎無數，團隊連續獲台灣建築獎、遠東建築獎等重要獎項，並參加威尼斯建築雙年展、亞洲藝術雙年展等國際建築藝術展。黃聲遠個人關懷社會的態度也得到許多獎項肯定，曾於二〇〇四年獲選《天下雜誌》五年評選一次之「二十一位新世代領導者」，並於二〇一三年榮獲《華爾街日報》中文版「創新人物獎」建築類獎等獎項，均可見證田中央與黃聲遠的社會影響力。

2. 教育啟發

黃聲遠與田中央致力於生命的啟發，他認為自己的生命就是一個案例，展現出建築與生活結合的可能性。他十幾年來風雨無阻地前往許多的大學為學生上課，他表示這樣跑的目的，是希望年輕學生對自己更有信心，別的老師說他們（指學生）多麼的不好都沒有關係，因為未來是在他自己手裡的。黃聲遠認為這件事情很重要，他很願意做這件事情。田中央每年開放暑期實習機會給學生，每年大概有三、四十個人提出申請，最後大約有十幾名的實習生來到田中央，實習生制度是為了讓更多的學生有機會被啟發，有機會體驗「建築就是生活」的實務經驗，這也是田中央社會影響力的擴散。

田中央建築學校的重點是「啟發」，而非傳遞技術與專業知識，黃聲遠表示他沒有意思要傳承建築技術，當然在啟發過程裡面，一定會帶到建築技術。他強調技術的傳遞只是短期的目標，而不是真正長期的目標。技術的傳承是為了建立年輕建築師的信心，讓他們更有自信去發掘自己生命的潛力。在黃聲遠眼中，技術與知識的傳遞只是過程的媒介，他真正關心的是「生命」。

田中央與黃聲遠透過教育傳承，將啟發式教育的理念擴散出去，也形成某種社會影響力。

田中央的創新發展脈絡

黃聲遠創立田中央是為了滿足個人的需求，但可由其個人需求，見微知著地看出社會中未被滿足的需求，以下整理黃聲遠察覺到的需求。

個人需求面

1. 工作與生活結合

黃聲遠退伍曾於台北的宗邁建築師事務所工作，大型事務所的工作方式講究效率和準時交案，因此將每個人力精確分工，重複地從事單一的工作。這個工作經驗讓黃聲遠深刻體驗，這不是自己能夠適應的生活方式；自美返台後他來到宜蘭創業，對黃聲遠而言，這才是讓他實現建築就是生活目標的方式。

在田中央工作讓他可以將工作與生活融合在一起，為了讓大家有家的感覺，田中央每週會在事務所內開伙兩次，並且提供宿舍，事務所辦公室的樓上就是宿舍區，吃在一起以外也住在一起，真正的融合工作與生活。

2. 自由而多元的快樂工作環境

黃聲遠一直以來追求的就是自由，因此田中央是一個沒有「規範」的組織，你可以自己決定幾點來事務所、幾點離開事務所、如何安排工作時間等等，沒有人會管你，建築師們在工作時多了很多自主性。

自由之外，黃聲遠也鼓勵成員們多體驗生活，例如，要考慮節令而非工作空檔來安排活動。像是到了農曆十六日，可能大家就一起揪去海邊看月出，看月亮從海面上出來，非常漂亮。黃聲遠重視生活，並且認為建築師應該多方體驗生活、認識環境，如此才能夠設計出與生活貼近的建築。他也鼓勵田中央成員們發展自己的興趣，即便會擠壓到工作時間，他也全力支持。對黃聲遠而言，田中央的重點是啟發成員的生命、協助他們成長，並且讓大家感到快樂。

社會需求面

1. 對自由的追求

追求自由的使命感成為黃聲遠重要的動力，生長在戒嚴時代的他，認為自由是值得奮鬥的目標，也需要努力維持自由，黃聲遠一直以來的建築作品都關切這個議題，努力讓大家有意識的保衛我們自己生活的權利跟品質。

2. 潛在使用者未被滿足的空間需求

黃聲遠在設計公共建築的時候，重視廣大的使用者和潛在使用者的權利，這種大膽為潛在使用者請命的舉動，可能會影響到既得利益者的利益，黃聲遠時常要面對各式的批評，但他仍然堅持實踐這個信念，讓那些本來想用的人有機會使用公共建築。

3. 以生活為本位的建築設計

建築會引導民眾對生活空間的認知，空間的分配也會去影響到不同族群的權利，因此讓建築與生活融合一直是田中央關注的核心。田中央致力於展現建築與生活結合的可能性，讓人跟建築沒有分開、建築跟生活沒有分開，所要傳達的就是建築跟生活是沒有差別的。

社會目的面

黃聲遠結合個人的需求與社會的需求，形成他社會創新的動機，因此創辦富含社會性目的的組織，以下羅列田中央所承擔的社會性目的：

1. 重視市民生活的建築

懷抱「建築就是生活」價值的田中央，重視建築與市民生活的融合，因此在設計的過程投注時間與心力做長時間蹲點觀察、與社區及專家學者溝通請益，以了解當地。田中央的競圖規劃中除了技術專業之外，也充滿人文關懷，重視汲取歷史與事件元素。

2. 啟發人心

啟發人心是田中央的重要使命，因此田中央每年暑期開放各校建築系的學生實習，黃聲遠這十幾年也前往多所大學任教、評圖。即便是展覽或演講的時候，他們也以啟發、激勵人心為己任，作為創新開路先鋒。田中央有打落牙齒和血吞的豪氣，自己背負著辛苦，仍然想著要鼓勵更多的人，透過演講、展覽、教育和建築，讓人看到更多的可能性，達到啟發人心的目的。

社會創業家的傳承

師徒關係網絡

◆黃聲遠視角的師徒關係網絡

圖七為黃聲遠個人的職涯學習發展網絡圖，包含向上向下的兩代傳承關係與同儕師徒關係網絡。

黃聲遠在建築上的學習是從學校正規教育中習得，東海建築系對他有深遠的影響。東海建築系的教育重視設計的原創性，並且以開放自由的教學環境鼓勵學生發掘並發展自己的個性。除了建築的專業知識與技術之外，也鼓勵多元的體驗生活、吸收各種經驗，黃聲遠的同學姜樂靜建築師曾經在《建築向度04》中回憶道：

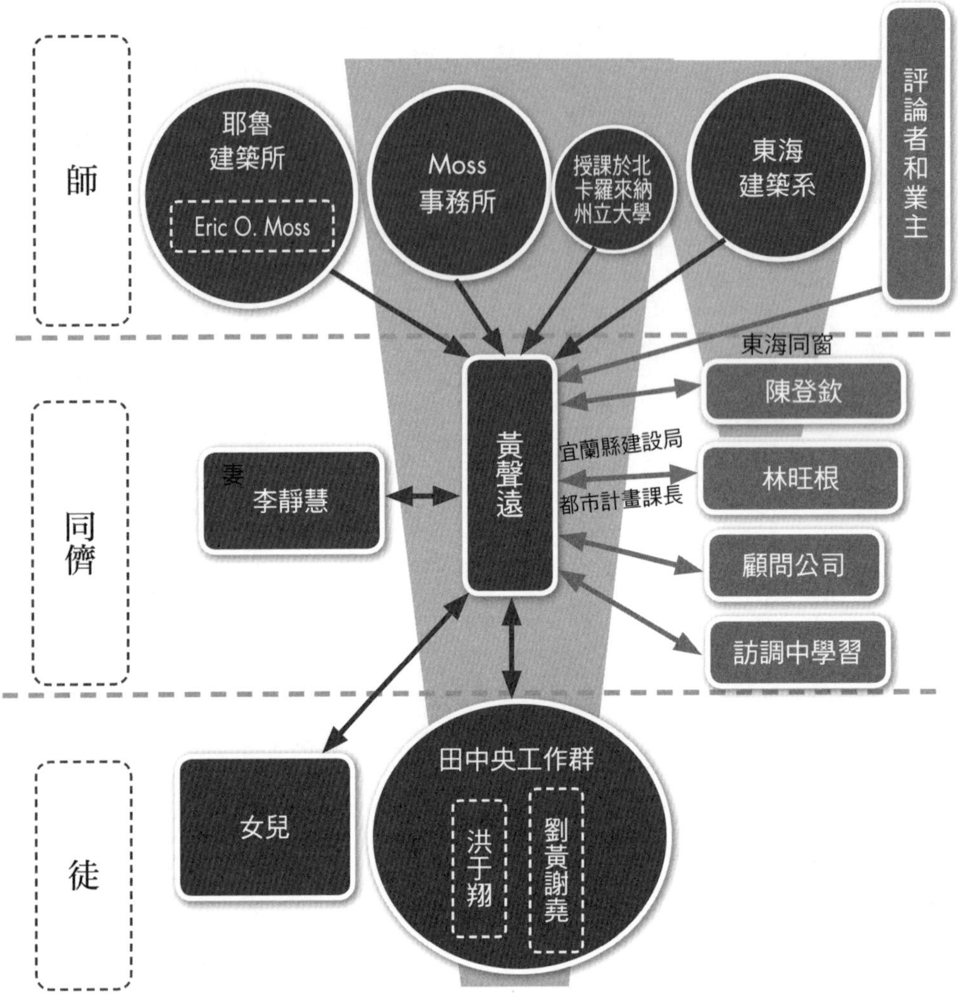

圖七 黃聲遠師徒關係發展網絡圖

「……到東海來，每個人不是溜冰社社長就是劍道社社長，全校辦舞會一定來參考建築系，因為辦得最好。建築系在東海獨領風騷，老師會鼓勵我們舞會一定要參加、鼓勵我們從玩中去學，這很重要，若整天悶著頭做設計是做不出什麼東西來，收放自如就是很重要的訓練。」（羅時瑋，2003）

東海也培育學生的社會關懷精神，讓學生實際體驗社會的校外教學。建築系以小班教學為主，因此師生之間有很多互動的機會，學生們甚至會一夥人大半夜帶著東西去找老師聊天，培養出緊密的師生關係。同學們相濡以沫，也時常一起結伴出遊，在四處遊玩的過程觀察在地地景。

到了耶魯，其建築教育著重透過多元辯論與意見交流來引導學生，認為建築教學是思想與風格的展現，協助學生挖掘自己的潛力，引導學生勇敢走向未知（楊大毅，2005），耶魯的經驗強化過去在東海所學的價值。

黃聲遠於畢業後前往 Eric O. Moss 在南加州的建築事務所工作，讓黃聲遠置身於多元的環境，有機會與優秀的國際人才們一起工作。Eric O. Moss 的態度與工作方式帶給黃聲遠深遠的影響，楊大毅（2005）將這段時間的經歷帶給黃聲遠的影響歸納為三點：首先，Moss 是在地生長的洛杉磯建築師，而其事務所的建案有八〇%以上都在所在地科維市境內。Moss 善用在地成長的優勢，從空間設計出發，思考建築對都市與文化的影響。其次，洛杉磯的前衛設計師能夠實踐創新的重要原因，是當地私人贊助者願意大膽的支持前衛建築的風氣。而 Moss 能夠實踐其都市設計的實驗，是因為得到了贊助者土地開發商 Frederic Smith 的長期支持。最後，黃聲遠與 Moss 的討論，主要是透過模型討論設計。

東海建築系的同學陳登欽對黃聲遠選擇宜蘭有很重要的影響，黃聲遠曾經在採訪中表示，他回台灣後，本來沒有意願要搞事務所，只是想找個乾淨一點的環境做些跟創作和教育有關的事情。大概因為陳登欽在這邊，又信任他的判斷力，再加上宜蘭的公共工程品質，就覺得宜蘭一定真有些機會（王俊雄等，1998: 38）。由此可見黃聲遠的同儕師徒關係緊密，並且提供富影響力的職涯功能。

黃聲遠指導過許多學生，也因此擁有豐富的反向師徒關係經驗。他樂於和年輕人相處，黃聲遠表示跟他們相處的時候非常快樂，以他的年紀跟年輕人對話就是一件很棒的事，雙方都很有誠意的彼此對待，是一件很美好的事。除了喜歡和他們談話之外，黃聲遠也喜歡和他們一起「生活」，年輕學生或後輩們除了帶給他快樂的感覺之外，在反向師徒關係中也提供了「接納與認同」和「肯定與激勵」的心理社會功能。

黃聲遠的反向師徒關係也提供知識分享的職涯功能，像是黃聲遠對於投資的陌生，學生會解釋給他聽。很多曾經出去開業又回來的朋友，單純只是放下手邊的工作來幫黃聲遠的忙。甚至他平日的生活瑣事有時也會靠這些年輕朋友真誠的幫助，而且這些幫助不是來自現在或過去「老闆跟員工的關係」，黃聲遠認為好朋友是唯一的可能。可見反向師徒關係中也提供了親密的「友誼」心理社會功能。

黃聲遠師承自建築專業教育，師生關係緊密，雖然老師們來自同一個產業，但是卻有跨國的多元性存在。此外黃聲遠也有豐富而緊密的同儕關係，這些同儕對他的職涯發展有重要的影響。在田中央他也有豐富的反向師徒關係的經驗，他形容年輕人們是「朋友」，從這些朋友身上他得到許多實質的幫助與心理的支持，帶給他很多快樂。因此相較於同一產業而緊密師徒關係屬性的「傳統型發展網絡」，黃聲遠的發展網絡更符合「創業型發展網絡」，他的導師來源多元性高，且師徒間為強連結之關係。

◆洪于翔和劉黃謝堯視角的師徒關係網絡

圖八為洪于翔和劉黃謝堯的職涯學習發展網絡圖，包含他們向上對黃聲遠的師徒關係及田中央豐富的同儕師徒關係。

由圖八可知洪于翔與劉黃謝堯的發展網絡相似，都是師承於大學建築系正規教育，其後在田中央實習、工作，黃聲遠成為影響他們深遠的主要導師。在田中央黃聲遠是很重要的啟發者，他會針對設計的潛力提出建議與想法。洪于翔形容他們之間的互動，是一種澄清、判斷與決策的過程，黃聲遠不會直接教學生或同仁，著重於擔任啟發者的角色。除了設計工作上的啟發、專業建築知識與技巧的傳授之外，更重要的是傳遞一種建築師的態度，劉黃謝堯認為學到比較多的地方是他「龜毛」的態度。

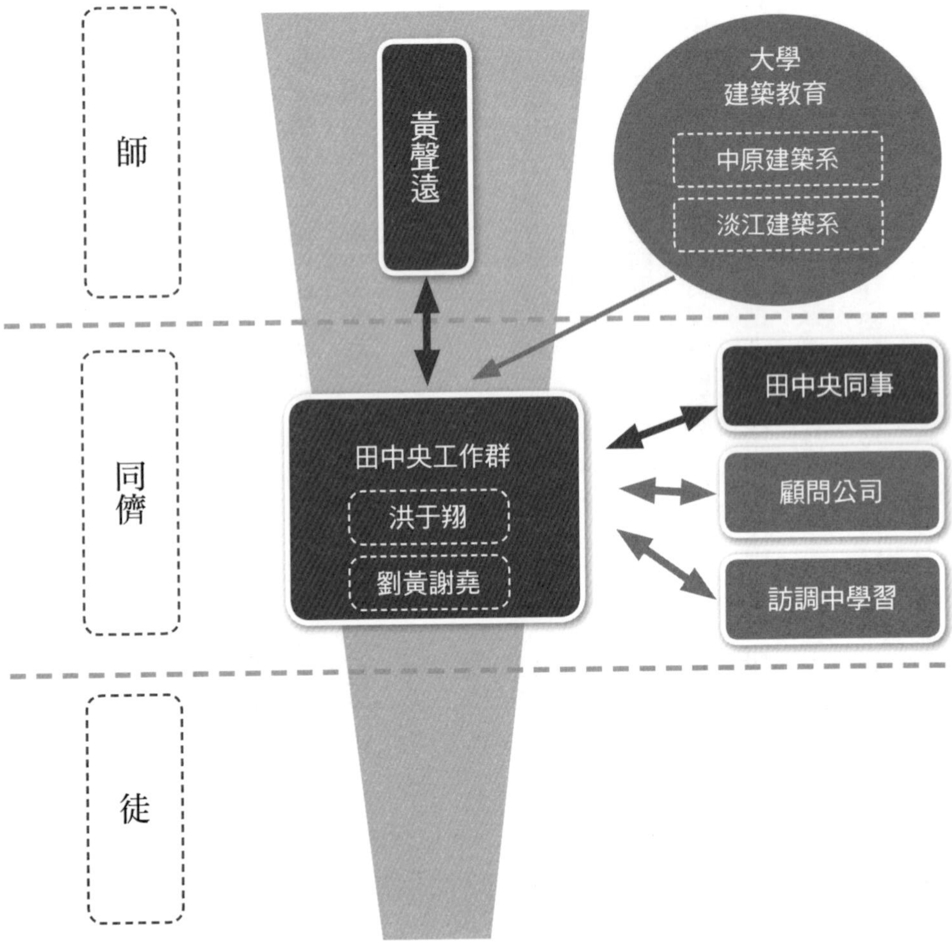

圖八　洪于翔和劉黃謝堯師徒關係發展網絡圖

黃聲遠與學生們的關係很親近，洪于翔與劉黃謝堯表示黃聲遠是很容易親近的「朋友」，彼此間的關係是「亦師亦友」。劉黃謝堯認為在他面前講話，輕鬆的時候可以很輕鬆、甚至開玩笑。黃聲遠也會創造非正式的場合與他們輕鬆的相處，劉黃謝堯說他把自己當朋友，不會覺得是只能談公事，反之，黃聲遠還常常邀學生們一起去游泳、吃飯，冬天就去泡湯，過程中就會聊一些生活的瑣事。洪于翔也認為跟黃聲遠什麼都可以聊，像有時可能家裡爸爸媽媽有些狀況，或者是其他的事情，其間對話更像是朋友間的互動。

洪于翔和劉黃謝堯一致表示，同儕是他們重要的學習對象，洪于翔在訪問中分享田中央特有的「串門子文化」讓他們可以時常彼此討論、給予建議，透過分享，大家都可以學習到不同的觀點，再將新的觀點納入設計中。在工作的時候也透過向顧問公司請益、與社區居民的對話、請教專家學者的過程中學習。

除了給予回饋和建議的知識分享之外，他們也在田中央找到理想相同的夥伴，在別的公司下班就下班了，同事之間也不太會一起去做一些事情。但是田中央不同，例如，文林苑事件在抗議的時候，就四個同事開車一起衝去抗議。洪于翔和劉黃謝堯的同儕關係具備職涯功能與心理社會功能。

由於洪于翔和劉黃謝堯尚未發展出向下的連結，因此在他們的發展網絡中，沒有觀察到反向師徒關係的現象。黃聲遠受到導師們鼓勵多元性的影響，發展出導師來源多元性高且關係緊密的創業型發展網絡，傳承過程中，黃聲遠也鼓勵徒弟們培養多元興趣、發展更多關係，而洪于翔與劉黃謝堯的發展網絡中，自己認定的導師來源缺乏多樣性，因此較接近「傳統型發展網絡」，但是當將同儕之間互相學習、共創價值的緊密互動視為發展網絡時，則他們的師徒關係就具有「創業型發展網絡」的特性。

師徒關係功能分析

以下將探討黃聲遠的兩代師徒關係，各提供哪些功能，包含其身為學習者，其學習歷程中得到的師徒關係功能，以及傳承給年輕人時發揮的師徒關係功能。

◆黃聲遠視角的師徒關係功能

黃聲遠的求學歷程為東海建築系和耶魯建築所的正規建築教育，在 Eric O. Moss 建築事務所工作的經驗也帶給他深刻的影響。歸納起來有三個功能：

1. 職涯功能

東海建築系的教育目標是培育建築「創作菁英」，而非建築「技術人員」，因此重視設計的原創性，並以開放自由的教學環境，鼓勵學生發掘並發展自己的個性。系上也鼓勵學生參與校內各項事務與學生社團，黃聲遠曾擔任學生會會長，帶領同學們從事許多活動（萬蓓琳，2004；楊大毅，2005；羅時瑋，2003；黃國治，2008）。在課程安排上，除了建築專業相關的課程之外，也重視培養入世精神。除了校內課程，系上也安排了讓學生體驗社會的校外教學，培養學生的社會關懷價值。因此，黃聲遠在東海建築系的求學經驗，提供了職涯功能內的「教練」和「展現的機會」之功能。

耶魯的建築教育，著重透過多元辯論與意見交流來引導學生，認為建築教學是思想與風格的展現，協助學生挖掘自己的潛力，引導學生勇敢走向未知（楊大毅，2005）。耶魯大學建築研究所一年只招收八名學生，學生可以得到充分的資源與機會（趙如璽，2012）。黃聲遠獲得耶魯大學一九九一學年度畢業榮譽獎等獎項，並代表美國參加威尼斯建築雙年展。第二年下學期設計課時黃聲遠選擇 Eric O. Moss 做為指導老師，並且在畢業之後前往他位於加州科維市的建築事務所工作（楊大毅，2005；楊齡媛，2005；趙如璽，2012；金城，2014）。耶魯的求學經驗強化在東海習得的價值與專業技能，提供職涯功能內「「教練」、「展現的機會」和「贊助者」功能。

2. 心理社會功能

東海建築系和耶魯建築所都採行小班教學，因此師生關係緊密。在東海求學時期，由於校區位於偏遠的大度山區，師生住校居多，因此師生間有很多互動的機會，學生們甚至會一夥人大半夜帶著東西去找老師聊天，培養出緊密的師生關係。黃聲遠在南加州 Eric O. Moss 建築事務所工作期間，曾參與許多重要的建案，與優秀的國際人才一起工作。這些經驗都提供多元的學習來源，以及搏感情、飆創意的師生互動模式，提供心理社會功能中的「接納與認同」和「諮詢」功能。

3. 角色楷模功能

黃聲遠對社會的入世關懷，與東海大學重視培育學生的社會關懷有關，當時他與詹耀文老師從大度山一路到台中市區的校外教學，讓黃聲遠體會到社會與個人是緊密相關，以社會為己任的東海大學教學環境，奠定他在作品選擇與設計上，一直以社會為己任，特別關懷社區居民與弱勢使用者的權利（楊大毅，2005；黃國治，2008；馬岳琳，2009）。

在 Eric O. Moss 建築事務所工作期間給黃聲遠帶來重大影響，這段經驗更重要的是為黃聲遠打開了自信的大門，Moss 忠於自己的選擇長達十六年之久，也堅定黃聲遠選擇自己要做的事情，誠實面對自己也面對別人，才有機會遇到真正欣賞自己的人，得到施展抱負的機會（王俊雄等，1998；楊大毅，2005；趙如璽，2012）。

在東海建築系的學習經驗，與 Eric O. Moss 建築事務所的工作經驗都帶給黃聲遠角色楷模的功能，當他創辦田中央時，也承襲了過去學習的傳承方式和師生相處之道。

◆洪于翔和劉黃謝堯視角的師徒關係功能

從洪劉兩位同學的視角，與黃聲遠這段師徒關係，對他們產生了職涯、心理社會與角色楷模功能，分述如下。

1. 職涯功能

劉黃謝堯認為建築產業的特性，是誰做得多、磨得久，功夫就練得深，實力越強。要學的事情就是那麼多，誰碰到的事情多，誰應變的方法比較靈活、比較多，就有機會變得比較傑出。在建築這個行業，經驗是很重要的實力指標，經驗越多、越能夠解決問題，也就是越「厲害」的人。因此田中央提供成員們接觸建築每個階段的機會，讓他們能夠做中學，劉黃謝堯認為在此學習，有機會碰到每個階段，田中央就是把人當作一個「建築師」在訓練。為了效率而專業分工的其他建築事務所傾向把「工地」切割出去，但是田中央保留「讓建築師親自監造」這個機會，劉黃謝堯與洪于翔一致認為，這是很重要的學習機會。

黃聲遠對他們是很關鍵的引導和啟發導師，在案子進入衝刺階段的時候，黃聲遠是一個重要的協調角色，他會檢視案子的進度與產出，並跟自身豐富的觀察或實作經驗對話，看看能否再行調整到更好。有時他則是點出在地傳統智慧的重要性，不見得都要由他的角度與觀點來檢視成品，而是充分借用在地人的觀點來看看傳統的特色能否融入進新的成品。

洪于翔認為黃聲遠給他的感覺像是位「評圖老師」，他會進來看所有設計的東西，用他的直覺去判斷有沒有什麼大問題，或者是看這個設計有沒有哪個潛力還沒被發掘，他不太喜歡做同樣的事情。田中央的學習方法是在實作中學習，相信每個人都有專業能力與問題解決能力，放手讓大家去做、去嘗試，進而從中學習，尤其是透過尋找答案的過程學習。

黃聲遠也從自己的關係網絡中尋找適合的資深人士，提供豐富的指導資源，給予他們在建築和設計上面的專業建議。

黃聲遠鼓勵田中央成員彼此之間發展網絡關係，成員們不是只能跟他是好朋友；不過他也知道，不是所有人都能成為好朋友，他們中間還是有互相討厭的，可是更多一群一群是非常好的朋友。彼此之間的串連有時候連黃聲遠都未必知道，但是他很高興成員們彼此之間，不論是否在田中央內工作，都能維持這樣的關係。他衷心樂見這樣親密的連結在田中央內外不斷發生。

離開田中央之後，繼續在建築業界工作的成員，田中央也提供串連的幫助，例如針對資淺的建築師而言，田中央招牌大、資訊流通快，因此田中央也會轉介業務機會給這些離開田中央自立門戶的人。黃聲遠是很重要的對外關係人，他會把一些跟客戶內部有關或者一些重要的會議上他做出一些重要的判斷，讓其他人可以更輕鬆的做事情。

歸納以上所述，黃聲遠與洪于翔和劉黃謝堯的師徒關係中，提供「贊助者」、「展現的機會」、「教練」、「保護」和「挑戰性任務」的完整職涯功能。

2. 心理社會功能

洪于翔和劉黃謝堯都表示他們與黃聲遠的關係是「亦師亦友」，他們不會正式約時間「請教」老師，大多是在非正式的時候，一起生活「混」出來的。田中央的成員和黃聲遠的互動方式沒有面對老闆的沉重，也不是面對師長的恭謹，而是很輕鬆親切的對談方式，他們甚至可以開黃聲遠的玩笑。黃聲遠不只關心他們家裡的事情，也非常能夠體諒，劉黃謝堯與妻子就是事務所內的夫妻檔之一，黃聲遠也會為他們設想，然後給予建議。

黃聲遠會注意田中央成員的狀況，私下給予關懷。他通常就是去觀察成員是不是情緒不好，或是有什麼東西卡在那邊，感覺上在鑽牛角尖等，為了能夠真正的「關懷」到對方，黃聲遠會貼心的用不同的方式詢問。

黃聲遠與洪于翔和劉黃謝堯的師徒關係親近而緊密，超越職場範圍涵蓋整個生命的發展和家庭生活，此師徒關係提供「接納與認同」、「諮詢」和「友誼」的完整心理社會功能。

3. 角色楷模功能

黃聲遠認為自己的生命就是一個案例，展現出建築與生活結合的可能，他認為自己的例子能夠啟發年輕人。執行上他認為「傳承」是身教大於言教，學生跟他朝夕相處，除了可以看到他奮鬥的真實面貌之外，也能看到以工作和生活融合為目標的他，是如何重視生活的。生活中的活動還會依照節令而行，不用諄諄教誨，就能讓學生自己體會到。

劉黃謝堯表示學到比較多的是黃聲遠「龜毛」的態度，他真的很堅持於自己的標準與要求。如果他知道那是好的方向、對的方向，就會排除萬難、想盡辦法，一定要走到那條路上，甚至奮不顧身！

黃聲遠與劉黃謝堯的師徒關係中提供了角色楷模的功能，而洪于翔的訪問中則較少提到這方面的陳述。洪于翔對於自己和黃聲遠的師徒關係中的陳述以職涯功能相關的描述最多，其次為心理社會功能，最末為角色楷模功能。劉黃謝堯陳述自己和黃聲遠的師徒關係時，職涯功能與心理社會功能的內容分量相當，其次為角色楷模功能。

第三章　玩味與省思

社會創新是未來社會發展的潮流，二〇〇六年諾貝爾和平獎得主尤努斯鼓勵年輕人要成為創造工作的創造者，為創造新社會努力（陳炳宏，2014）；微軟創辦人比爾·蓋茲（Bill Gates）亦認為世界需要更多的創新來改善人們的生活；社會創新廣為眾人所期待。由於了解到青年創業是未來實踐社會創新的重要動力，台灣政府近幾年來也頗多舉措，像是經濟部提供青年創業貸款每人最高四百萬元，其中無擔保放款一百萬元的創業支持，農委會亦推出「漂鳥計畫」協助年輕人返鄉創業，宜蘭縣的三星鄉更推出四大輔導措施，希望招募一百人返鄉歸農。但是創業路程艱辛，除了需要創意想法、人脈網絡、專業技術等支援外，還需要具備什麼條件方可培育出成功的社會創業家？

看似尋常最奇崛：社會創新模式與脈絡

把理想當飯吃，代表理想與現實的結合，也是許多人心中的夢想，但顯然它不是一步到位，而是需要一些條件。本書認為，這些條件包括找出社會創新模式、解決社會需求與達成社會目的。

在找出社會創新模式方面，首先從穀東俱樂部來看，賴青松摸索出來的創新點有三個：委託種植、預約訂購與共同購買，這三點過去並沒有充分地運用在農業領域，或是沒有結合在一起，但它們卻是專心務農、把品質做好非常需要的後盾。賴青松不僅發展出此模式，也努力將穀東俱樂部視為一個「平台」在運作，它不僅是消費者與生產者、也是都市與農村的對話平台，它的功能也不止於交易，還有交流、交換等。

其次在田中央所展現的創新點，則是一種異質的結合：簡單說是將人文社會關懷與公共建築結合，讓跟社會大眾息息相關的公共建築不再冷冰冰，而是可以傳情達意的體貼設計。這些建築作品有新產品的概念，每一個作品都富有新穎性，團隊唯一可以複製的是創作的流程。黃聲遠透過這些建築傳達他對人的尊重，相對於一般建築物對人們活動可能的限制，他希望他的作品能夠提供給人們更多選擇的自由。過程中他新創了一種組織的形式，也就是田中央的運作模式，若沒有一群自由的人創作，也不會有提供給人自由的建築物。此外，田中央的流程也跟一般建築事務所不同，他們做更多的「脈絡研究」，因為土地的相連、人們關係的鑲嵌，一個建築物不可能蓋在跟四周環境切割的土地上，也不可能阻止建築物附近人們的流動，所以一定要考慮建築基地與周圍地域和社區的關係。

在解決社會需求與達到社會目的方面，前者偏向於具體實際的「需求」缺口，後者則是滿足需求後、達到進一步「訴求」的目的。穀東俱樂部要滿足的需求是對環境議題的回應，而且是用具體行動表達出想法；它還要滿足小農耕種因規模縮小造成風險過大的需求；民眾對於好吃又健康的稻米的需求；以及都會的現代人深入農村尋根的需求。賴青松在滿足這些社會需求的背後，有更大的社會目的訴求：他希望環境議題能被更多人重視，以及能復興農村的文化，唯有文化可長可久，也唯有文化能柔性的擴散。

田中央要滿足的社會需求則包括：人對自由的需求，大多數人常常處於一種「自以為自由」的狀態，殊不知生活在建築物中的我們，其實有多少的潛在慾望與需求，是被冷冰冰的建築物所箝制。黃聲遠更進一步考慮到公共建築的「潛在使用者」，這項考慮雖然可能激怒了「現有使用者」，卻是黃聲遠為人請命的使命感堅持所在。黃聲遠是建築師，也以建造建築為目標，但他所考慮的技術與工法，卻是為人的生活而服務的，這點跟一般建築物動輒宣揚以特定的技術工法所達到的里程碑，有極大的不同，表達出建築人員面對大眾生活的謙卑。黃聲遠滿足這些社會需求背後的更大訴求有兩點，分別是推出重視市民的建築，以及啟發人心。前者是對廣大市民潛在心聲的回應，後者則是一位建築教育者的執著。

歸納上述，我們發現兩個案內容充分呈現出「人」的特質、所進行的「事情」作為與創建的「模式」組織，透過事情作為，我們解析出人的特質，兩個案所建立之模式組織可傳承人的理念與價值觀，但是光只有模式是不足的，必須要透過師徒關係，也就是人與人之間的接觸，才能將創業者要傳與承的精髓順利地「承接」與「傳遞」，以下說明兩位社會創業家何以形成。

無中不會生有：師徒觀點看一個社會創業家如何誕生

以解決社會問題為使命的社會創業家，在創新和創業的過程中都需要經驗和專業知識的引導與心理社會的支持，從本書個案可看出師徒關係（包含同儕師徒關係與反向師徒關係）的建立與維持可以提供社會創業家所需的支持與引導，促進社會創新發展。

賴青松的師徒關係特徵，符合師父來源富多樣性且關係緊密的「創業型發展網絡」，他在創業過程中獲得「職涯」、「心理社會」和「角色楷模」的師徒關係功能，成為創業過程中的關鍵助力。宜蘭小田田可視為賴青松的徒弟，他們之間的師徒關係則兼具「傳統型發展網絡」和「創業型發展網絡」的特性。

黃聲遠的師徒關係也符合「創業型發展網絡」的特色，他從中獲得「職涯」、「心理社會」和「角色楷模」功能，帶給他深遠的影響。黃聲遠與他學生的師徒關係則符合「傳統型發展網絡」和「創業型發展網絡」的特性。

賴青松和黃聲遠都擁有良師益友的同儕師徒關係與向下學習的反向師徒關係，並且他們都將自己領受到的師徒關係特性同樣的傳承給徒弟們。回顧賴青松與黃聲遠的社會創新歷程，如果他們早年沒有師徒的歷練經驗，或許今日的這些主角又是另一番景象。

由本書兩個個案中可看出，賴青松和黃聲遠對於「傳承」概念有不同的看法和想法，在賴青松方面，他認為傳承這件事情是一種「緣分」，只能等待卻不能強求，因此當小田田進入農村開始實習的傳承緣分出現時，他是欣喜的；相較之下，黃聲遠則因為他對自由的追求、以及對未知的開放，更重要的是他相信要讓每個人的潛力被發揮，而不是照著老師的指導前進，直接表達了他對「傳承」概念的質疑。事實上，傳承除了知識與技能的傳遞，更重要的是師者為徒弟帶來的心靈啟發，以及師徒關係所衍生的職涯發展、心理社會及角色楷模的功能，師徒關係可以藉由各種不同形式傳承下去。然而，無論是賴青松或黃聲遠，他們都會在不同的人生階段與機會，輪流或者同時扮演徒弟（學習者）和師父（教學者）的角色，學習和傳承重要的知識、經驗與智慧。

本書案例對創業教育之啟示

社會創新逐漸成為推動社會變革的重要力量，觀念先進的美國大學紛紛開設相關課程，培育社會創新與創業人才，實現他們想要對社會造成根本性、系統性變革的願景與抱負。這股世界性的趨勢儼然成形且吹向台灣。近年來，許多大學已開設社會創新與創業相關課程或成立學術研究單位，例如：輔仁大學與清華大學的「社會企業研究中心」、中央大學的「尤努斯社會企業中心」、中山大學的「社會企業發展研究中心」、元智大學的「社會創新創業中心」等，皆以社會企業為主要研究對象，發展相關的管理知識與工具，連結且協助社會企業之永續發展，並藉由相關課程讓學生了解社會企業的精神與運作模式，達到推展社會企業的目的。

由賴青松和黃聲遠指導徒弟的過程中，可看出透過「做中學」方式，能夠達到有效傳承的成果，因此未來培育社會創業家之課程，可設計以做中學為主體的課程，注入更多「實作」的元素。要注意的是，教學者不能僅抓取實作的元素進入課程，還要捕捉實作的「脈絡」，讓學習者有更多機會接觸實際的社會情形，從腦、從心、從身、從手，分別展開觸角投入學習。

近年來有許多青年欲返鄉投入農村創業行列，想要解決農村勞動人口老化、青年人口流失等問題，並促成農業提升轉型。然而，返鄉創業並非易事，相關知識的匱乏已成為返鄉青年創業的瓶頸。由賴青松的個案中可看出，他引領宜蘭小田田這群年輕人進入宜蘭農村，讓他們有機會耕種稻作，並且傳授相關知識與技巧，同時為他們連結社會網絡，賴青松成功透過師徒關係延續逐漸凋零的農村文化，帶來新一波的農村文化復興。不只是農村文化，台灣社會中許多傳統的文化與技藝都面臨失傳的危機，透過師徒傳承所推出的社會創新與影響力，應可喚起大眾對傳統文化的關注，並且吸引有興趣的人成為被傳承者，達到延續傳統文化的目的。

台中市政府自一〇四年起也推動「青年加農．賢拜傳承」創業補助計畫，推出至今，已邁入第二屆，此項計畫內容是由資深的農業賢拜提供見習機會及場所，指導回鄉青年學習農作實務，同時將優異的農業栽培技術傳承下來，並運用在自己建立的事業上，達到農業永續經營發展，除此以外，為提升青年就業或創業機會，勞動部也推動「明師高徒計畫」，足見「師徒制」在創新與創業過程中已逐漸被辨識出重要性。

因此，在社會創業教育政策方面，未來培育社會創業家之課程與教學設計上，應可以採用師傅帶徒弟的師徒制方式，除了聘任學者教導基本的學理知識之外，還從社會上聘請極具熱忱而富有愛心的社會創業家擔任導師，師徒組成學習團隊，透過邊做邊學的方式，將解決社會問題的創新想法付諸實現，師徒間傳承的不只知識技能，還有做人做事的態度，更重要的是對社會關懷的深度啟發。可想而知，要發揮這些啟發性的效果，絕非短暫且定時的課堂學習足以完成，賴青松與黃聲遠的傳承過程，可以供許多教學者借鏡。

社會創新的珍貴與難得，可由管理大師彼得．杜拉克的想法一窺究竟，值得讓社會上汲汲營營於各項科技創新者省思，而成為本書的結語。杜拉克曾經回顧經濟史後發現，波西格（August Borsig）不但是第一位在德國建造蒸汽火車頭的人，他還是發明「師傅學徒制」的人，這個創新成為德國工業優勢的基礎，也將在職訓練與學校教育結合在一起。有趣的是，彼得．杜拉克認為，社會創新遠比蒸氣火車或電報重要，也遠比兩者困難（蕭富峰、李田樹，2002）。

參考文獻

英文文獻

Abu-Saifan, S. (2012). Social Entrepreneurship: Definition and Boundaries. *Technology Innovation Management Review, 2* (2), 22-27.

Alsop, R. (2014). Young Mentors Teach 'Old Dogs' New Tricks. Retrieved From http://www.bbc.com/capital/story/20140311-meet-your-mentor-hes-just-24

Babbie, E. (2013). *The Basics of Social Research*. Belmont, CA: Cengage Learning.

Bates, S. (2012). *The Social Innovation Imperative*. New York, NY: McGraw-Hill.

Battilana, J. & Lee, M. (2014). Advancing Research on Hybrid Organizing–Insights from the Study of Social Enterprises. *Academy of Management Annals, 8* (1), 397-441.

Bennis, W. (1999). The End of Leadership: Exemplary Leadership is Impossible Without Full Inclusion, Initiatives, and Cooperation of Followers. *Organizational Dynamics, 28* (1), 71-79.

Mycoskie, B. (2011), Entrepreneur, How I Did It: The TOMS Story. Retrieved From https://www.entrepreneur.com/article/220350

Brown, T., & Wyatt, J. (2010). Design Thinking for Social Innovation. *Stanford Social Innovation Review, 8* (1), 31-35.

Burt, R. S. (1993). The Social Structure of Competition. In R. Swedberg (Ed.), *Explorations in Economic Sociology* (pp. 65-103). New York, NY: Russel Sage Foundation.

Burt, R. S., Minor, M. J. & Alba, R. D. (1983). *Applied Network Analysis: A Methodological Introduction*. Beverly Hills, CA: Sage Publications.

Cajaiba-Santana, G. (2014). Social Innovation: Moving the Field Forward. A Conceptual Framework. *Technological Forecasting and Social Change, 82*, 42-51.

Caulier-Grice, J., Davies, A., Patrick, R. & Norman, W. (2012). *Defining Social Innovation*. (TEPSIE Project 290771). Retrieved From http://youngfoundation.org/wp-content/uploads/2012/12/TEPSIE.D1.1.Report.DefiningSocialInnovation.Part-1-defining-social-innovation.pdf

Charan, R. (2007). *Leaders at All Levels: Deepening Your Talent Pool to Solve the Succession Crisis*. Hoboken, NJ: John Wiley & Sons.

Chaudhuri, S. & Ghosh, R. (2012). Reverse Mentoring A Social Exchange Tool for Keeping the Boomers Engaged and Millennials Committed. *Human Resource Development Review, 11* (1), 55-76.

Collins, J. C. & Porras, J. I. (2005). *Built to Last: Successful Habits of Visionary Companies*. New York, NY:

Random House.

Csikszentmihalyi, M. (1997). *Flow and the Psychology of Discovery and Invention.* New York, NY: HarperPerennial.

Dannar, P. (2012). Mentoring as a Leadership Development. Retrieved From http://www.examiner.com/article/mentorship-as-leader-development

Dawson, P. (2014). Beyond a definition: Toward a Framework for Designing and Specifying Mentoring Models. *Educational Researcher, 43* (3), 137-145.

Dees, J. G. (2001). The Meaning of Social Entrepreneurship, Paper for the Fuqua School of Business, Duke University. Retrieved From https://centers.fuqua.duke.edu/case/wp-content/uploads/sites/7/2015/03/Article_Dees_MeaningofSocialEntrepreneurship_2001.pdf

Dees, J. G., Emerson, J. & Economy, P. (2002). *Enterprising Nonprofits: A Toolkit for Social Entrepreneurs.* New York, NY: John Wiley & Sons.

Dreher, G. F. & Ash, R. A. (1990). A Comparative Study of Mentoring Among Men and Women in Managerial, Professional, and Technical Positions. *Journal of Applied Psychology, 75* (5), 539.

Drucker, P. F. (2007). *Innovation and Entrepreneurship: Practice and Principles.* London, England: Routledge.

Dunning, D. (2000). Leadership in the Millennium. Retrieved From http://education.jhu.edu/PD/newhorizons/lifelonglearning/workplace/articles/leadership-in-the-millenium/

Eby, L. T., Allen, T. D, Hoffman, B. J., Baranik, L. E., Sauer, J. B., Baldwin, S., Morrison, M. A., Kinkade, K. M., Maher, C. P., Curtis, S., & Evans, S. C. (2013). An Interdisciplinary Meta-Analysis of the Potential Antecedents, Correlates, and Consequences of Protégé Perceptions of Mentoring. *Psychological Bulletin, 139* (2), 441-476.

Florida, R. L. (2002). *The Rise of the Creative Class: And How it's Transforming Work, Leisure, Community and Everyday Life.* New York, NY: Basic Books.

Frumkin, P. (2009). *On Being Nonprofit: A Conceptual and Policy Primer.* Cambridge, MA: Harvard University Press.

Godin, S. (2008). *Tribes: We Need You to Lead Us.* New York, NY: Penguin.

Goodyear, M. (2006). Mentoring: A Learning Collaboration. *Educause Quarterly, 29* (4), 52.

Granovetter, M. S. (1973). The Strength of Weak Ties. *American Journal of Sociology, 78* (6), 1360-1380.

Greengard, S. (2002). Moving Forward with Reverse Mentoring. Retrieved From https://www.questia.com/magazine/1P3-110436448/moving-forward-with-reverse-mentoring

Higgins, M. C. (2001). Changing Careers: The Effects of Social Context. *Journal of Organizational Behavior, 22* (6), 595-618.

Higgins, M. C. & Kram, K. E. (2001). Reconceptualizing Mentoring at Work: A Developmental Network

Perspective. *Academy of Management Review, 26* (2), 264-288.

Kahn, R. L. & Cannell, C. F. (1957). *The Dynamics of Interviewing: Theory, Technique, and Cases.* New York, NY: Wiley.

Kaye, B. & Jacobson, B. (1995). Mentoring: A Group Guide. *Training and Development, 49* (4), 23-27.

Kirzner, I. M. (1979). *Perception, Opportunity, and Profit: Studies in the Theory of Entrepreneurship.* Chicago, IL: University of Chicago Press.

Kirzner, I. M. (1985). *Discovery and the Capitalist Process.* Chicago, IL: University of Chicago Press.

Kram, K. E. (1988). *Mentoring at Work: Developmental Relationships in Organizational Life.* Lanham, MD: University Press of America.

Kram, K. E. (1996). A Relational Approach to Career Development. In D. Hall & Associates (Eds.), *The Career is Dead: Long Live the Career* (pp. 132–157). San Francisco, CA: Jossey-Bass.

Kram, K. E. & Isabella, L. A. (1985). Mentoring Alternatives: The Role of Peer Relationships in Career Development. *Academy of Management Journal, 28* (1), 110-132.

Leadbeater, C. (1997). *The Rise of the Social Entrepreneur.* London, England: Demos.

Logan, D., King, J. & Fischer-Wright, H. (2008). *Tribal Leadership, Leveraging Natural Groups to Build a Thriving Organization.* New York, NY: Collins.

London, M. & Morfopoulos, R. G. (2010). *Social Entrepreneurship: How to Start Successful Corporate Social Responsibility and Community-Based Initiatives for Advocacy and Change.* New York, NY: Routledge.

Marcinkus Murphy, W. (2012). Reverse Mentoring at Work: Fostering Cross Generational Learning and Developing Millennial Leaders. *Human Resource Management, 51* (4), 549-573.

Marshall, C. & Rossman, G. B. (2010). *Designing Qualitative Research.* Thousand Oaks, CA: Sage Publications.

Martin, R. L. & Osberg, S. (2007). Social Entrepreneurship: The Case for Definition. *Stanford Social Innovation Review, 5* (2), 29-39.

Meister, J. C. & Willyerd, K. (2010). Mentoring Millennials. *Harvard Business Review, 88* (5), 68-72.

Miller, T. L., Grimes, M. G., McMullen, J. S. & Vogus, T. J. (2012). Venturing for Others with Heart and Head: How Compassion Encourages Social Entrepreneurship. *Academy of Management Review, 37* (4), 616-640.

Mowday, R. T., Porter, L. W. & Steers, R. M. (1982). *Employee-Organization Linkages: The Psychology of Commitment, Absenteeism, and Turnover.* New York, NY: Academic Press.

Mulgan, G. (2006). The Process of Social Innovation. *Innovations, 1* (2), 145-162.

Mulgan, G. & Landry, C. (1995). *The Other Invisible Hand: Remaking Charity for the 21st Century.* London, England: Demos.

Mulgan, G., Tucker, S., Ali, R. & Sanders, B. (2007). *Social Innovation: What It Is, Why It Matters and How It Can Be Accelerated.* Oxford: Skoll Centre for Social Entrepreneurship. Retrieved From http://youngfoundation.org/publications/social-innovation-what-it-is-why-it-matters-how-it-can-be-accelerated/

Murphy, P. J. & Coombes, S. M. (2008). A Model of Social Entrepreneurial Discovery. *Journal of Business Ethics, 87* (3), 325-336.

OECD. (2003). The Non-Profit Sector in a Changing Economy. Retrieved From http://dx.doi.org/10.1787/9789264199545-en

Patton, M. Q. (2005). *Qualitative Research.* Hoboken, NJ: Wiley Online Library.

Pratt, M. G. (1998). To Be or Not to Be: Central Questions in Organizational Identification. In D. A. Whetten & P. C. Godfrey (Eds.), *Identity in Organizations: Developing Theory Through Conversations* (pp. 171-207). Thousand Oaks, CA: Sage.

Pullins, E. B., Fine, L. M. & Warren, W. L. (1996). Identifying Peer Mentors in The Sales Force: An Exploratory Investigation of Willingness and Ability. *Journal of the Academy of Marketing Science, 24* (2), 125-136.

Russell, J. E. & Adams, D. M. (1997). The Changing Nature of Mentoring in Organizations: An Introduction to The Special Issue on Mentoring in Organizations. *Journal of Vocational Behavior, 51* (1), 1-14.

Scandura, T. A. (1992). Mentorship and Career Mobility: An Empirical Investigation. *Journal of Organizational Behavior, 13* (2), 169-174.

Schumpeter, J. A. (1934). *The Theory of Economic Development: An Inquiry into Profits, Capital, Credit, Interest, and the Business Cycle.* New Brunswick, NJ: Transaction Publishers.

Seidman, I. (2012). *Interviewing as Qualitative Research: A Guide for Researchers in Education and the Social Sciences.* New York, NY: Teachers College Press.

Shaw, E. (2004). Marketing in the Social Enterprise Context: Is It Entrepreneurial? *Qualitative Market Research: An International Journal, 7* (3), 194-205.

Sjodin, T. & Wickman, F. (1996). *Mentoring: The Most Obvious Yet Overlooked Key to Achieving More in Life than You Ever Dreamed Possible.* New York, NY: McGraw-Hill Trade.

Tang, J., Kacmar, K. M. & Busenitz, L. (2012). Entrepreneurial Alertness in the Pursuit of New Opportunities. *Journal of Business Venturing, 27* (1), 77-94.

TOMS Official Website. Retrieved From http://www.toms.com/

Unseen Tours London Facebook. Retrieved From https://www.facebook.com/UnseenToursLondon/timeline

Unseen Tours Official Website. Retrieved From http://sockmobevents.org.uk/

Wagner, T. (2012). *Creating Innovators: The Making of Young People Who Will Change the World*. New York, NY: Simon and Schuster.

Weijman, G. (2013). Benefits and Impact of Mentoring for Entrepreneurs: The Entrepreneur's Perspective. *International Journal of Human Resource Studies, 3* (4), 194-204.

Yin, R. K. (2014). *Case Study Research: Design and Methods*. Thousand Oaks, CA: Sage publications.

Zahra, S. A., Rawhouser, H. N., Bhawe, N., Neubaum, D. O. & Hayton, J. C. (2008). Globalization of Social Entrepreneurship Opportunities. *Strategic Entrepreneurship Journal, 2* (2), 117-131.

Zey, M. G. (1984). *The Mentor Connection: Strategic Alliances in Corporate Life*. Homewood, IL: Dow Jones-Irving.

Zielinski, D. (2000). Mentoring up. *Training, 37* (10), 136-140.

中文文獻

王俊雄、王增榮、黃聲遠、郭文豐（1998）。〈其實，不必所有的事情都準備妥當才可以開始的！〉，《台灣建築報導雜誌》，83，40-49。

王萬里（1992）。《師徒經驗與事業成就間關係之研究》（碩士論文）。輔仁大學，台北市。

吳芝儀、李奉儒（譯）（2008）。《質性研究與評鑑》（原作者：M. Q. Patton）。嘉義市：濤石文化。（原著出版年：2002）

吳昭怡（2004）。〈讓宜蘭變成悠遊城市〉，《天下雜誌》，310，165-166。

吳靜吉（2012）。《青年的四個大夢》。台北市：遠流。

李欣龍（2006）。《兩岸企業員工的師徒關係比較研究》（博士論文）。廈門大學，廈門市。

李芳齡（譯）（2008）。《領導梯隊：全面打造各級領導人》。台北市：天下雜誌。

李政賢（譯）（2006）。《質性研究：設計與計畫撰寫》（原作者：C. Marshall & G. B. Rossman）。台北市：五南。

李政賢（譯）（2009）。《訪談研究法》（原作者：I. Seidman）。台北市：五南。

李碧芬（譯）（1998）。《成功，有師為伴》（原作者：Floyd Wickman & Teri Sjodin）。台北市：麥格羅希爾。（原著出版年：1997）

杜明城（譯）（1998）。《創造力》（原作者：Mihaly Csikszentmihalyi）。台北市：時報文化。

周希敏（譯）（1995）。《職場導師》（原作者：Michael G. Zey）。台北市：方智。（原著出版年：1984）

周海濤、李永賢、張蘅（譯）（2009）。《個案研究設計與方法》（原作者：R. K. Yin）。台北市：五南。（原著出版年：2003）

林文祥（譯）（2008）。《部落領導學》（原作者：Dave Logan, John King & Halee Fischer-

Wright）。台北市：商智文化。
金城（2014）。〈黃聲遠的宜蘭〉，《21 世紀經濟報導》，2014 年 2 月 18 日。2014.05.20 取自：http://www.21so.com/HTML/21cbhnews/2014/02-18-271363.html
非常人語（2007）。〈野孩子蓋房子黃聲遠〉，台灣《壹周刊》，A078。
施禔盈（2014）。〈追尋 30、40、50 的幸福人生方程式 敢變，就有路〉，《今周刊》，893，86-95。
柯曉翔（2012）。〈不只看頒獎 還要體驗宜蘭的文化活力〉，《遠見雜誌》，317，346-348。
馬岳琳（2009）。〈林懷民 V.S. 黃聲遠 大聲說出別人的夢〉，《天下雜誌》，427，230-234。
張偉德（2014）。《社會企業的雙邊市場模式——以香港長者安居協會為例》（碩士論文）。政治大學，台北市
郭恆祺（2012）。《零秒出擊！：林書豪熱血沸騰的人生演義》。台北市：商周出版。
陳以禮（譯）（2013）。《哈佛教育學院的一門青年創新課》（原作者：Tony Wagner）。台北市：時報文化。（原著出版年：2012）
曾育慧（譯）（2007）。《窮人的銀行家》（原作者：Muhammad Yunus & Alan Jolis）。台北市：聯經。
黃惠勤（2009）。《非營利組織社會創新之研究——以台北市文化基金會受託管理四個機構為例》（碩士論文）。師範大學，台北市。
愛荷（譯）（2009）。《部落：一呼百應的力量》（原作者：Seth Godin）。台北市：先覺。
楊大毅（2005）。《「在地實踐」：黃聲遠在宜蘭的建築作品意涵初探（以 1994-2004 為例）》（碩士論文）。東海大學，台中市。
萬蓓琳（2004）。〈城市改造：它接受建築奇想落腳 享受慢工出細活之美〉，《今周刊》，394。
蔡毓智、邱泯科，陳佳穎，姜馨彥（譯）（2013）。《研究方法：基礎理論與技巧》（原作者：Earl Babbie）。台北市：新加坡商聖智學習。（原著出版年：2013）
鄭勝分（2007）。〈社會企業的概念分析〉，《政策研究學報》，7，65-107。
蕭富峰、李田樹（譯）（2002）。《創新與創業精神》（原作者：M. E. Porter）。台北市：臉譜出版。（原著出版年：1985）
蕭詔文（2004）。《高中資優生師徒關係及其相關因素之研究——數理生、藝術生與一般生之對照》（碩士論文）。政治大學，台北市。
諶淑婷、黃世澤（2013）。《有田有木，自給自足》。台北市：果力文化。
賴青松（2002）。《從廚房看天下：日本女性「生活者運動」30 年傳奇》。台北市：遠流。
賴青松（2007）。《青松 e 種田筆記：穀東俱樂部》。台北市：心靈工坊文化。
羅時瑋 （2003）。《建築向度 04——東海建築人物思潮及作品（二）》。台北市：田園城市文

化。
蘇楓雅（譯）（2006）。《半農半 X 的生活：順從自然，實踐天賦》（原作者：鹽見直紀）。台北市：天下文化。
2015 國際名人論壇布雷克．麥考斯基介紹頁面。2016.09.18 取自：http://conference.udn.com/toms/about.html
Joel Fukuzawa（2013）。〈都會逃兵卻建了幸福基地 賴青松的新農夫世代〉，2013 年 1 月 30 日。2014.03.19 取自：http://news.housefun.com.tw/fukuzawa/article/10188521235
Springtree（2007）。〈歸農碩士．賴青松〉，2007 年 1 月 7 日。2014.03.19 取自：http://mypaper.pchome.com.tw/balimaymay/post/1277723648
TEDxTaipei（2011）。〈田中央設計群：建築和土地〉。2014.03.19 取自：http://tedxtaipei.com/talks/2011-field-office/
The Big Issue Taiwan 官方網站。〈關於 The Big Issue Taiwan〉。2016.09.18 取自：http://www.bigissue.tw/about
Unseen Tours 官方網站。2016.09.18 取自：http://sockmobevents.org.uk/
Womany Content Lab/Abby（2014）。〈因教育被射殺的 17 歲女孩瑪拉拉，諾貝爾和平獎感言：殺不死我的，使我更堅強〉，天下雜誌部落格，2014 年 10 月 29 日。2016.09.18 取自：http://blog.cw.com.tw/blog/profile/220/article/1653
上下游 News&Market。〈認識我們〉。2016.09.18 取自：https://www.newsmarket.com.tw/aboutus/
文創 LIFE（2016）。〈田中央與黃聲遠 國際巡迴展看見蘭陽山水〉。2016.09.18 取自：http://www.setn.com/News.aspx?NewsID=160222-%E7%94%B0%E4%B8%AD%E5%A4%AE%E8%88%87%E9%BB%83%E8%81%B2%E9%81%A0%20%20%E5%9C%8B%E9%9A%9B%E5%B7%A1%E8%BF%B4%E5%B1%95%E7%9C%8B%E8%A6%8B%E8%98%AD%E9%99%BD%E5%B1%B1%E6%B0%B4
王煒寧（2015）。〈比爾．蓋茲預言 15 年後小兒麻痺消失、窮人將脫貧〉，ETtoday 東森新聞雲。2016.09.18 取自：http://www.ettoday.net/news/20150124/458210.htm#ixzz42ZUzYlY1
王輝（2013）。〈黃聲遠：「上山下鄉」的叛逆建築師〉，《華爾街日報》中文版，2013 年 10 月 14 日。2014.03.19 取自：http://tw.wsj.com/big5/20131014/inn072054.asp
田中央官方網站。2016.09.19 取自：http://www.fieldoffice-architects.com/huang-sheng-yuan/
有田有米（2014）。〈有田有米，加倍務農——2014 穀東招募〉。2014.05.20 取自：http://www.newsmarket.com.tw/blog/44880/
江佩津（2015）。〈建構東亞慢島生活圈 台日中港小農暢談生活新價值〉。2016.09.18 取自：http://e-info.org.tw/node/111956
何欣潔（2013）。〈讓田陪著我：專訪「宜蘭小田田」農事管理員吳佳玲〉。2014.03.19 取自：

http://www.newsmarket.com.tw/blog/33380/
吳佳玲（2013）。〈用身體感受，才能了解農民——宜蘭小田田的未來計畫〉。2014.03.19 取自：https://www.newsmarket.com.tw/blog/22730/
吳淑君（2013）。〈老農挺小農 供地種阿公的米〉，《聯合報》，2013 年 3 月 8 日。2014.03.19 取自：http://udndata.com/library/
吳淑君（2013）。〈一畝田的夢 宜蘭版農地銀行開張〉，《聯合報》，2013 年 8 月 19 日。2014.04.25 取自：http://vision.udn.com/storypage.jsp?f_ART_ID=1051
吳淑君（2013）。〈老農挺小農 種出香 Q 阿公米〉，《聯合報》，2013 年 8 月 6 日。2014.03.19 取自：http://udndata.com/
吳靜吉（2013）。〈角色對換的師徒關係〉，《今周刊》，863。2014.03.19 取自：https://www.businesstoday.com.tw/article-content-80447-93232
李威寰（2012）。〈記「宜蘭小田田」半年心路：This is the 農村！〉。2014.03.19 取自：http://www.newsmarket.com.tw/blog/15081/
李清志（2010）。〈建築的惑星 / 田中央〉，聯合新聞網，2010 年 10 月 4 日。2014.03.19 取自：http://mag.udn.com/mag/reading/storypage.jsp?f_ART_ID=274862
沈婉玉（2014）。〈看見台灣做公益 3 月巡迴放映〉，中時電子報。2014.06.01 取自：http://www.chinatimes.com/realtimenews/20140218005422-260401
芒草心慈善協會官方網站。2016.09.18 取自：http://www.homelesstaiwan.org/
宜蘭小田田（2012）。〈小田田本季日程〉。2014.03.19 取自：http://two-little-field.blogspot.tw/2012/03/2011-1225-2012-0118-0218-0221-0227-0306.html
宜蘭小田田（2012）。〈小田田插秧囉〉。2014.03.19 取自：http://two-little-field.blogspot.tw/2012/03/30-2012-3250930-0945-1000-1010-1210.html
宜蘭小田田（2012）。〈來去宜蘭種小田田〉。2014.03.19 取自：http://two-little-field.blogspot.tw/
宜蘭小田田（2013）。〈小田田通訊（立夏）〉。2014.03.19 取自：http://two-little-field.blogspot.tw/2013/05/blog-post.html
宜蘭小田田（2013）。〈除草工作坊〉。2014.03.19 取自：https://www.facebook.com/littlesweetfields/photos/a.402633843080727.101637.376487592362019/550865071590936/?type=1&ref=nf
宜蘭小田田（2013）。〈陳阿公與宜蘭小田田的相遇〉。2014.03.19 取自：https://www.newsmarket.com.tw/blog/30003/
宜蘭小田田（2013）。〈尋求在地的永續之道：小田田的地理環境介紹！〉。2014.03.19 取自：https://www.newsmarket.com.tw/blog/30814/
宜蘭縣教育支援平台（2012）。〈FP6 講者介紹〉，2012 年 5 月 31 日。2014.03.19 取自：http://

blog.ilc.edu.tw/blog/blog/11078/post/58561/300852
林以涵（2012）。〈救早產兒的百元睡袋〉，《商業周刊》。2016.09.18 取自：http://www.businessweekly.com.tw/KBlogArticle.aspx?ID=1590&pnumber=1http://topick.hket.com/article/983228/
林慧貞（2013）。〈觀光客擅闖農田 農民籲尊重土地〉。2014.03.19 取自：http://www.newsmarket.com.tw/blog/38595/
社企流。"Unseen Tours"。2016.09.18 取自：http://www.seinsights.asia/info/14/1966
社企流。〈關於社企流〉。2014.03.19 取自 http://www.seinsights.asia/about
社會創新人才培育網。〈ENSIT 簡介〉。2014.03.19 取自 http://www.ensit.tw/?page_id=798
金靖恩（2013）。〈英國皆有變身最在地導遊〉，《商業周刊》。2016.09.18 取自：http://www.businessweekly.com.tw/KBlogArticle.aspx?ID=3359&pnumber=2
長者安居協會官方網站。2016.06.31 取自：https://www.schsa.org.hk/tc/introduction/aim/index.html
青年發展署（2013 年 11 月 10 日）。〈宜蘭小田田農村學校，青年與農村相遇〉。台北市：教育部。2014.03.19 取 自：http://www.edu.tw/news1/detail.aspx?Node=1088&Page=21704&Index=1&WID=55980425-7154-4860-9daf-1ea4cf169d37
〈青年圓夢及創業網。青創貸款簡介〉。2014.03.19 取自：http://sme.moeasmea.gov.tw/SME/main/loan/ARM01.PHP
活出場所 台北展覽官方網站。〈學學文創〉。2016.09.18 取自：http://xuexue.tw/fa/
美體小舖官方網站。〈品牌精神〉。2014.03.19 取自：http://shop.thebodyshop.com.tw/column_content.php?column_content_sn=8
若水國際。〈關於若水〉。2014.03.19 取自 http://www.flow.org.tw/about/about
倪葆真（2006）。〈新農業運動——漂鳥計畫。農政與農情〉，170。2014.03.19 取自：http://www.coa.gov.tw/view.php?catid=11510
屠乃瑋（2012）。〈民意大講堂（三十五）：宜蘭小田田 青年進鄉種田計畫〉，公共電視台。2014.04.11 取自：http://ngoview.pts.org.tw/2012/11/blog-post_179.html
張舒懿（2007）。〈何金富 種出無得失心的人生〉，《人生雜誌》，288。2014.04.11 取自：http://www.ddc.com.tw/epaper/C/2007/20070807.htm#03
章思偉（2012）。〈小田田，心農青〉。2014.04.11 取自：http://rural-practice.blogspot.tw/2012/03/blog-post_26.html
陳炳宏（2014）。〈諾貝爾獎尤努斯、雲門林懷民——大師對談 / 青年要當創造者 為新社會努力〉，《自由時報》，2014 年 4 月 14 日。2016.09.20 取自 http://news.ltn.com.tw/news/life/paper/770383
陳雅慧（2014）。〈諾貝爾和平獎得主馬拉拉——為教育而奮鬥的女孩〉，《親子天下》。

2016.09.18 取自：https://www.parenting.com.tw/article/5061799-%E8%AB%BE%E8%B2%9D%E7%88%BE%E5%92%8C%E5%B9%B3%E7%8D%8E%E5%BE%97%E4%B8%BB%E9%A6%AC%E6%8B%89%E6%8B%89%EF%BC%8D%E7%82%BA%E6%95%99%E8%82%B2%E8%80%8C%E5%A5%AE%E9%AC%A5%E7%9A%84%E5%A5%B3%E5%AD%A9/

陳德愉（2012）。〈專蓋怪怪的建物 黃聲遠形塑宜蘭新風貌〉，《時報周刊》，1778。2014.04.11 取自：http://mag.chinatimes.com/mag-cnt.aspx?artid=13161&page=2

街遊 Hidden Taipeim 官方網站。2016.09.18 取自：http://www.hiddentaipei.org/

黃亞琪（2013）。〈《看見台灣》票房破億背後兩窘境〉，《商業周刊》，1364。2014.04.11 取自：http://www.businessweekly.com.tw/KWebArticle.aspx?ID=53072&pnumber=1

黃國治（2008）。〈【案例三】東海讓我左傾——黃聲遠〉，《台灣光華雜誌》，2014.04.11 取自：http://www.taiwanpanorama.com/tw/show_issue.php?id=200829702080c.txt&cur_page=1&table=1&distype=&h1=&h2=&search=&height=&type=&scope=&order=&keyword=&lstPage=&num=&year=2008&month=02

黃惠如（2008）。〈賴青松、賴樹盛 做自己生命的英雄〉，《康健雜誌》，118。2014.03.25，取自：http://www.commonhealth.com.tw/article/article.action?id=5026873&page=1

楊永妙（2002）。〈黃聲遠 築夢宜蘭〉，《遠見雜誌》，195。2014.04.11 取自：http://www.gvm.com.tw/Boardcontent_6749_2.html

楊齡媛（2005）。〈宜蘭建築夢想家：黃聲遠〉，《台灣光華雜誌》。2014.04.11 取自：http://www.taiwan-panorama.com/tw/show_issue.php?id=2005129412112c.txt&cur_page=4&table=1&distype=&h1=6YCP6KaW6LKh57aT&h2=5YWs5YWx5bu66Kit&search=&height=&type=&scope=&order=&keyword=&lstPage=&num=&year=2005&month=12

嘉恆（2007）。〈台北觀摩之旅〉，米果電子報，2007 年 10 月 31 日。2014.04.11 取自：http://www.kskk.org.tw/OrganicFarm/epaper/epaper20071031.html

廖育君、呂紹齊（2014）。〈街友強哥帶你遊艋舺〉，Udn 專題報導。2016.09.18 取自：http://event.udn.com/web/plusweb2/specialnews-monga.html

熊毅晰（2015）。〈黃聲遠 在田中央的建築大師〉。2016.09.18 取自：http://www.cw.com.tw/article/article.action?id=5066322

維基百科官方網站。〈維基百科〉。2014.04.11 取自：http://zh.wikipedia.org/wiki/%E7%BB%B4%E5%9F%BA%E7%99%BE%E7%A7%91

趙如璽（2012）。〈自由激發無限 用真心打造在地宜蘭厝〉。2014.04.11 取自：http://www.forgemind.net/phpbb/viewtopic.php?f=24&t=25687

劉子寧（2015）。〈芒草心：沒人比他們更懂街遊〉，《30 雜誌》。2016.09.18 取自：http://www.30.com.tw/article_content_28830.html

劉楷南（2009）。〈堅持腳踏實地在土地上創作的農夫——賴青松〉，創意 ABC。2014.04.11 取自：http://www.ncafroc.org.tw/abc/man-content.asp?ser_no=219
蔡永彬（2013）。〈青年創設農村學校 邀小朋友下田耕作〉，《蘋果日報》，2013 年 11 月 10 日。2014.05.25 取自：http://www.appledaily.com.tw/realtimenews/article/new/20131110/290104/
盧智芳、沈倖如（2003）。〈七年級來了！最矛盾的世代，首度進入職場〉，《Cheers 雜誌》，34。2014.04.11 取自 http://new.cwk.com.tw/cgi-bin2/Libo.cgi?
賴秉均（2014）。〈三星鄉 率先號召農青返鄉〉，中時電子報，2014 年 6 月 21 日。2014.05.25 取自：http://www.chinatimes.com/newspapers/20140621000409-260107
賴青松（2005）。〈加入穀東（2006 版）〉。2014.04.11 取自：http://blog.roodo.com/sioong/archives/1533427.html
賴青松（2008）。〈「青松米」——一個未竟的歸農故事〉。2014.03.06 取自：http://blog.roodo.com/sioong/archives/7095061.html
賴青松（2010）。〈青松的來時路〉。2014.03.06 取自：http://blog.roodo.com/sioong/archives/14268703.html
賴青松（2013）。〈宜蘭小田田之農青進香團〉，Yahoo! 奇摩新聞 Young 觀點。2016.04.11 取自：https://tw.news.yahoo.com/blogs/young-opinion/%E5%AE%9C%E8%98%AD%E5%B0%8F%E7%94%B0%E7%94%B0%E4%B9%8B%E8%BE%B2%E9%9D%92%E9%80%B2%E9%A6%99%E5%9C%98-075758519.html
賴青松（2014）。〈半農興村，展望下一個十年〉。2014.06.10 取自：http://blog.roodo.com/sioong/archives/27606270.html
賴青松（2015）。〈迎向「慢島・開村・志願農」的新時代〉。2016.09.18 取自：http://blog.roodo.com/sioong/archives/52323110.html
賴青松（2015）。〈寒露後第四日〉。2016.09.18 取自：http://blog.roodo.com/sioong/archives/52323064.html
賴青松（2016）。〈放鬆才有力量，放慢才是生活 +「穀東告示板」〉。2016.09.18 取自：http://blog.roodo.com/sioong/archives/56574010.html
爆橘（2013）。〈比爾・蓋茲：世界需要更多的創新革命 來改善窮困人們的生活〉，科技報橘，2013 年 12 月 1 日。2016.04.23 取自 http://techorange.com/2013/12/01/bill-melinda-gates-foundation/

國家圖書館出版品預行編目（CIP）資料

師徒關係與社會創新的在地實踐：賴青松和黃聲遠 /
朱思年、陳蕙芬、游銘仁、吳靜吉著. --
初版 . -- 臺北市：遠流, 2016.12
面； 公分
ISBN 978-957-32-7936-5（平裝）

1. 賴青松 2. 黃聲遠 3. 創業 4. 師生關係

494.1 105023857

師徒關係與社會創新的在地實踐
賴青松和黃聲遠

作者：朱思年、陳蕙芬、游銘仁、吳靜吉
總策劃：國立政治大學創新與創造力研究中心
統籌：劉吉軒
執行主編：曾淑正
封面設計：丘銳致
企劃：叢昌瑜

發行人：王榮文
出版發行：遠流出版事業股份有限公司
地址：台北市南昌路二段81號6樓
劃撥帳號：0189456-1
電話：（02）23926899
傳真：（02）23926658

著作權顧問：蕭雄淋律師
2016年12月 初版一刷
售價：新台幣380元

缺頁或破損的書，請寄回更換

ISBN 978-957-32-7936-5（平裝）
GPN 1010502954
YLib 遠流博識網 http://www.ylib.com
E-mail: ylib@ylib.com

本書為教育部補助國立政治大學邁向頂尖大學計畫成果，